静电的原理、控制及应用

Static Electricity—Understanding，Controlling，Applying

［德］京特·吕特根斯（Günter Lüttgens）
［德］西尔维娅·吕特根斯（Sylvia Lüttgens） 著
［德］沃尔夫冈·舒伯特（Wolfgang Schubert）
　　　　肖翼洋　译

国防工业出版社
·北京·

著作权合同登记　图字：01-2022-4442 号

图书在版编目（CIP）数据

静电的原理、控制及应用／（德）京特·吕特根斯，
（德）西尔维娅·吕特根斯，（德）沃尔夫冈·舒伯特著；
肖翼洋译．—北京：国防工业出版社，2023.2
书名原文：Static Electricity Understanding,
Controlling, Applying
ISBN 978-7-118-12782-9

Ⅰ.①静…　Ⅱ.①京…　②西…　③沃…　④肖…　Ⅲ.
①静电-研究　Ⅳ.①O441.1

中国国家版本馆 CIP 数据核字（2023）第 021756 号

Static Electricity-Understanding, Controlling, Applying by Günter Lüttgens, Sylvia Lüttgens and Wolfgang Schubert. ISBN9783527341283
Copyright © 2013 by John Wiley & Sons, Ltd.
All rights reserved. This translation published under John Wiley & Sons license. No part of this book may be reproduced in any form without the written permission of the original copyrights holder.
Copies of this book sold without a Wiley sticker on the cover are unauthorized and illegal.

本书简体中文版由 John Wiley & Sons, Inc. 授权国防工业出版社独家出版。版权所有，侵权必究。

（根据版权贸易合同著录原书版权声明等项目）

※

国防工业出版社出版发行
（北京市海淀区紫竹院南路 23 号　邮政编码 100048）
三河市腾飞印务有限公司印刷
新华书店经售

*

开本 710×1000　1/16　插页 4　印张 18　字数 309 千字
2023 年 2 月第 1 版第 1 次印刷　印数 1—2000 册　定价 118.00 元

（本书如有印装错误，我社负责调换）

国防书店：(010) 88540777　　　书店传真：(010) 88540776
发行业务：(010) 88540717　　　发行传真：(010) 88540762

译者序

静电伴随着人类的生活和生产而无处不在，是一类重要的点火源，引发过许多危害事件，早已引起人们的足够重视。国内外学者在其产生机理、危害形式、防护手段和典型应用等方面进行了多角度的全方位研究，并在实践过程中运用了这些研究成果和指导建议，有效提高了工业生产安全性。但随着大规模制造、精密仪器、交通运输等多个领域的现代化发展，高分子复合材料等静电的载体、易燃气体和液体等火灾的敏感材料被越来越多地使用，并且由于已有的较为完备的技术措施和规章制度会产生遮蔽效应，使部分操作人员甚至设计人员对静电可能产生的不利影响估计不足，给静电防护工作带来新的问题，也给静电安全事故的调查分析带来更大的挑战。

基于以上原因，3位多年从事静电事故调查的德国学者撰写了本书，力图用逻辑化、案例化的语言清晰地解释静电的危害效果、测量和分析方法。由于本书以工程师和技术人员为服务对象，在保持内容完整性同时，并未进行过多的理论演绎，将必要的基础知识以工具箱的形式附于书后，而且结合工程实践，介绍了大量使用维护标准、仪器设备用法和先进工艺的注意事项。

根据作者的经验，这本书一半的篇幅涉及了演示试验的描绘和案例的调查研究。演示过程配有大量图片和多媒体素材，通俗易懂，易于形象化地使读者加深印象，培养静电安全意识。案例分析按照不同的放电形式，在填充转运、物资输送、卷材加工、过滤除尘、印刷涂装等多个领域列举了数目可观的应用问题并进行层层解析，对读者排除分析上的思维定式和从细节上更好地处理静电安全隐患具有很强的针对性，对本书译者从事航空电气安全类课程教学也有较大的借鉴意义。

本书的翻译出版工作得到了骆彬副教授、司剑飞副教授的大力帮助和国防工业出版社辛俊颖编辑的大力支持，在此特别感谢。

本书内容涉及知识面宽，包含丰富的行业背景，由于译者的专业方向较为单一且翻译水平有限，书中难免存有疏漏或不当之处，敬请广大读者批评指正。

肖翼洋

2021 年 12 月

序

  我很高兴为这本面向工程师和技术人员的优秀参考书作序。Sylvia Lüttgens、Günter Lüttgens 和 Wolfgang Schubert 因他们编写的教学指南、提供的精彩展示和精心准备的试验而被大家熟知，他们的工作使复杂的现象看起来变得简单易懂。

  据我所知，这是一本向工程师和技术人员清晰解释静电危害的参考书，它用非常理论化的概念和完美的教学演示一步一步地描述了静电现象。

  在许多使用液体、颗粒材料、粉末或箔片等原料的工业生产过程中，静电危害是非常令人担忧的问题。它涉及广泛的工业领域，如化学、石油、制药工业以及农业部门和发电厂。

  确实，近几十年来，越来越多的电绝缘材料应用于工业生产过程中。这些材料（如高分子聚合物）随着石油产品工业的发展而出现，并在工业中发挥着越来越重要的作用，因为它们像金属一样成本较低，而且更容易加工、制造和使用。应用的广泛性在一定程度上导致这些材料和产品将带来静电危害，这已成为人们关注的重要问题。说到静电，每个人脑子里都能想到停好车后碰到车门时会产生火花；或者被擦过的塑料墙上会吸附小纸片。事实上，静电学一般是对电荷不运动（静止）时的电现象开展研究，然而，目前常见的所谓静电现象是指由于使用绝缘材料和产品而经常发生电荷积聚的起电过程。

  由静电现象引起的静电危害是放电危险的来源。在某些情况下，这些放电会引起点火，导致火灾或爆炸。受静电效应的影响，静电危害会导致工业过程劣化，前提条件是产生的电荷会逐渐累积。

  电荷的产生，原则上与物质接触和分离有关，如摩擦、流动、固体或液体的转移。累积是在未接地的容器中储存或收集这些产物或液体的结果。

  不幸的是，静电危害往往可能导致致命的事故、严重的伤害（特别是烧伤）和财产损失，尤其在火灾向附近设施蔓延等情况下，损失往往非常重大。

本书运用逻辑和科学的方法，使工程师和技术人员可以清晰了解这些概念间的相互关系。首先从风险评估入手，并准确地分析了风险出现的时间和地点；然后介绍静电的基础知识，得出为理解不同现象所需要掌握的所有概念和方程。在第3章中，介绍了不同情况下理解相关内容所需要的测量知识。接着介绍了不同的气体放电过程以及防止静电干扰的多种方法。本书的特色之一是提供了演示试验和案例研究。

本书不仅介绍了如何应对静电的危害及其所带来的烦恼，还介绍了如何利用静电机理应用于许多意想不到的地方，如影印技术、车身涂漆等。静电广泛应用于加湿、干燥、印刷等不同领域，因此，有一章专门介绍了这些领域应用，以激发感兴趣的读者利用静电知识改进其他技术。

本书附录M给出了非常实用的数学工具箱，方便读者易于理解不同现象涉及的方程。

每一章都提供了完整的文献目录。

读完这本兼具知识性和趣味性的参考书令我受益匪浅，强烈推荐本书给想深入学习静电学的工程师和技术人员。

Gerard Touchard 教授

普瓦捷大学 PPRIME 研究所电流体动力学组

法国普瓦捷

2016 年 10 月

开场白

下面是我们忠实的伙伴费利克斯的小心思

请允许我进行自我介绍：我叫费利克斯，是静电专家的爱犬（见第 6 章图 6.1）。当我的人类朋友们开展研讨会时，我静静地躺在放着试验设备的桌子下面。直到西尔维娅准备好一个试验，在这个试验中，爆炸管中发生的爆炸将一个塑料杯抛向空中（见 6.11.1 节）。我马上跑向杯子，大声地把杯子嚼碎，观众们会因此而发笑。

当我的人类朋友西尔维娅和京特在计算机前工作时，我经常躺在沙发上看着他们。当我看够了的时候，就把我的泰迪熊放在他们面前。然后，他们把它扔到某个地方，我必须设法找到它。

他们扔了好几次，每次我都叼着我的泰迪熊又跳回到沙发上。我的人类朋友认为我这么做是因为我很无聊，其实并非如此！我觉得他们很枯燥，因为他们不得不捧着一大堆纸坐在计算机前敲击键盘，创作这本专业书。所以我只是想给他们提供一些杂耍表演。我知道这是怎么回事，我绝对要为我的伙伴负责。

费利克斯

说明

本书附录 V 中列出了相关章节的参考视频和 PPT。

视频用"V"表示，列在相关章节的末尾，可从 www.wiley-vch.de/xxx 下载。

为了更好地理解，在不同的地方使用符号（🖳）来引用动画 PPT。字母 T 代表理论，P 代表实践。

如果想要获取这些 PPT，可以联系作者：

G. & S. Lüttgens：elektrostatik@ elstatik. de.

W. Schubert：ws@ schubert gmd. de.

目录

第1章 火灾与爆炸基础的风险评估 ……………………………………… 001
- 1.1 火灾和爆炸的基本注意事项 ……………………………………… 001
  - 1.1.1 燃料 ……………………………………………………… 002
  - 1.1.2 热量 ……………………………………………………… 003
  - 1.1.3 氧气 ……………………………………………………… 003
  - 1.1.4 惰化过程 ………………………………………………… 003
  - 1.1.5 热量和氧气 ……………………………………………… 004
- 1.2 爆炸性环境 ……………………………………………………… 004
  - 1.2.1 易燃液体的爆炸极限 …………………………………… 004
  - 1.2.2 可燃粉尘的爆炸极限 …………………………………… 006
  - 1.2.3 金属粉尘 ………………………………………………… 006
- 1.3 杂系混合物 ……………………………………………………… 007
- 1.4 爆炸性危险区域的设置和许用设备 …………………………… 007
- 1.5 许用设备（设备防护等级）…………………………………… 008
- 1.6 点火源 …………………………………………………………… 009
  - 1.6.1 热表面 …………………………………………………… 009
  - 1.6.2 火焰和热气体 …………………………………………… 010
  - 1.6.3 机械生成火花 …………………………………………… 010
  - 1.6.4 电气设备 ………………………………………………… 010
  - 1.6.5 阴极保护 ………………………………………………… 010
  - 1.6.6 静电 ……………………………………………………… 010
  - 1.6.7 闪电 ……………………………………………………… 010
  - 1.6.8 电磁场 …………………………………………………… 010
  - 1.6.9 电磁辐射 ………………………………………………… 011

- 1.6.10 电离辐射 ……………………………………………………………… 011
- 1.6.11 超声波 …………………………………………………………………… 011
- 1.6.12 绝热压缩和冲击波 …………………………………………………… 011
- 1.6.13 化学反应 ……………………………………………………………… 011
- 1.7 最小点火能 …………………………………………………………………… 011
- 1.8 评估易燃液体潜在危险的假想试验 ………………………………………… 015
- 参考文献 …………………………………………………………………………… 019

第 2 章 静电的原理 …………………………………………………………… 020
- 2.1 基础知识 ……………………………………………………………………… 020
- 2.2 固体的静电电荷 ……………………………………………………………… 022
- 2.3 摩擦起电序列 ………………………………………………………………… 024
- 2.4 表面电阻率 …………………………………………………………………… 025
- 2.5 液体静电电荷 ………………………………………………………………… 028
- 2.6 气体充电 ……………………………………………………………………… 031
- 2.7 电场 …………………………………………………………………………… 033
- 2.8 电感应 ………………………………………………………………………… 036
  - 2.8.1 电感应说明 …………………………………………………………… 036
  - 2.8.2 像电荷 ………………………………………………………………… 036
- 2.9 电容和电容器 ………………………………………………………………… 038
- 参考文献 …………………………………………………………………………… 038

第 3 章 测量 ……………………………………………………………………… 040
- 3.1 基础知识 ……………………………………………………………………… 040
- 3.2 静电安全测量的适当方法 …………………………………………………… 042
- 3.3 比较：静电学/电气工程 ……………………………………………………… 042
- 3.4 选择合适的测量方法 ………………………………………………………… 043
  - 3.4.1 电阻 …………………………………………………………………… 044
  - 3.4.2 实现电阻测量的基本方法 …………………………………………… 044
- 3.5 阻值范围规定与总结 ………………………………………………………… 048
- 3.6 液体的电导率 ………………………………………………………………… 049
- 3.7 散装物料 ……………………………………………………………………… 050
- 3.8 在危险区域使用绝缘材料 …………………………………………………… 050
- 3.9 静电电荷的测量 ……………………………………………………………… 051

- 3.9.1 用静电电压表测量电压 ········· 051
- 3.9.2 用法拉第筒测量电荷 ········· 053
- 3.9.3 电场强度的测量 ········· 055
- 3.10 其他测量应用 ········· 066
  - 3.10.1 移动卷材表面电荷测量 ········· 066
  - 3.10.2 防护性纺织服装（工作服）分析 ········· 067
  - 3.10.3 确定放电容量的试验程序 ········· 069
  - 3.10.4 纸张的测试程序 ········· 071
  - 3.10.5 粉状散装材料的静电充电 ········· 072
  - 3.10.6 液体静电充电 ········· 073
  - 3.10.7 化工生产中的静电 ········· 074
- 3.11 电容 ········· 075
  - 3.11.1 电容测量（充电方法） ········· 075
  - 3.11.2 测量介电常数值 ········· 076
  - 3.11.3 电荷衰减测量（弛豫时间） ········· 078
- 3.12 关于空气湿度 ········· 079
  - 3.12.1 气候的定义 ········· 079
  - 3.12.2 基本原理和定义 ········· 080
  - 3.12.3 大气湿度测量方法 ········· 081
  - 3.12.4 湿度计的监测和校准 ········· 084
- 参考文献 ········· 086

第4章 气体放电 ········· 088

- 4.1 气体放电机理 ········· 088
- 4.2 静电气体放电 ········· 089
- 4.3 气体放电类型 ········· 093
  - 4.3.1 火花放电 ········· 093
  - 4.3.2 单电极放电 ········· 094
- 4.4 气体放电的影响 ········· 101
- 4.5 气体放电痕迹清单 ········· 101
- 4.6 避免危险的气体放电 ········· 102
  - 4.6.1 火花放电 ········· 103
  - 4.6.2 电晕放电 ········· 104

4.6.3　刷形放电和超级刷形放电 …………………………………… 104
　　4.6.4　锥形放电 …………………………………………………… 105
　　4.6.5　传播刷形放电 ……………………………………………… 106
　　4.6.6　不同类型气体放电情况的简化概述 ………………………… 108
　　4.6.7　评估气体放电引起的点火危险 ……………………………… 108
　　4.6.8　静电触电 …………………………………………………… 109
　参考文献 ……………………………………………………………… 110

第5章　防止静电干扰 …………………………………………………… 112
5.1　火花飞舞时的静电 ………………………………………………… 112
5.2　介电强度 …………………………………………………………… 116
5.3　带电表面放电 ……………………………………………………… 117
　　5.3.1　卷材放电 …………………………………………………… 118
　　5.3.2　片材放电 …………………………………………………… 125
　　5.3.3　其他物品放电 ……………………………………………… 126
　　5.3.4　颗粒及类似微粒的放电 …………………………………… 128
5.4　放电电极的潜在危害 ……………………………………………… 131
　参考文献 ……………………………………………………………… 135
　延伸阅读 ……………………………………………………………… 135

第6章　演示试验说明 …………………………………………………… 136
6.1　序言 ………………………………………………………………… 138
6.2　静电电压表 ………………………………………………………… 138
6.3　电场计 ……………………………………………………………… 139
6.4　范德格拉夫起电机 ………………………………………………… 139
6.5　爆炸管 ……………………………………………………………… 140
6.6　静电力效应 ………………………………………………………… 142
　　6.6.1　滚动的管道 ………………………………………………… 142
　　6.6.2　悬浮的管道 ………………………………………………… 144
　　6.6.3　验电器 ……………………………………………………… 145
　　6.6.4　描绘电场线（经典方式） …………………………………… 146
6.7　分离过程引起的电荷 ……………………………………………… 147
6.8　微粒充电 …………………………………………………………… 148
　　6.8.1　单个微粒充电 ……………………………………………… 148

6.8.2　多微粒充电（颗粒物） ················· 150
6.9　电感应 ························· 151
　　　6.9.1　基础试验 ························ 151
　　　6.9.2　钟琴 ··························· 152
　　　6.9.3　隔离导电部件的电感应 ················ 153
6.10　耗散特性 ························ 155
6.11　爆炸管试验 ······················ 156
　　　6.11.1　人体静电充电 ····················· 156
　　　6.11.2　点火电压 ······················· 157
　　　6.11.3　分离充电 ······················· 158
6.12　气体放电 ························ 158
　　　6.12.1　火花放电 ······················· 159
　　　6.12.2　电晕放电 ······················· 160
　　　6.12.3　刷形放电 ······················· 160
　　　6.12.4　模型试验：刷形放电点火 ·············· 161
　　　6.12.5　离子风的证据 ····················· 162
　　　6.12.6　超级刷形放电 ····················· 163
　　　6.12.7　传播刷形放电 ····················· 163
6.13　火灾和爆炸危险 ···················· 167
　　　6.13.1　闪点 ··························· 167
　　　6.13.2　大表面效果 ······················ 167
　　　6.13.3　浓混合物 ······················· 168
　　　6.13.4　前进的火焰锋 ····················· 170
　　　6.13.5　"倒出"汽油蒸气 ··················· 171
　　　6.13.6　氧气需求 ······················· 171
　　　6.13.7　用水灭火 ······················· 172
　　　6.13.8　燃烧的手帕不会烧掉 ················· 173
　　　6.13.9　焚烧固体可燃物 ···················· 174
　　　参考文献 ··························· 175

第7章　案例研究 ···················· 176
7.1　调查策略 ························· 176
　　　7.1.1　点火源 ·························· 177

7.1.2	一般方法	178
7.1.3	湿度的影响	178
7.2	由于刷形放电引起的点火	179
7.2.1	将片状产品倒入搅拌容器中	179
7.2.2	聚乙烯内衬滑出纸袋	180
7.2.3	抗静电聚乙烯袋导致的点燃	181
7.2.4	从聚乙烯袋中振动出细粉尘（杂系混合物）	182
7.2.5	泵送受污染的甲苯	184
7.2.6	玻璃纤维织物浸渍	185
7.2.7	充填管道被硫黄堵塞导致甲醇的点燃	186
7.2.8	甲苯中的离子交换树脂	187
7.2.9	大型储罐发生的两次爆炸	188
7.3	与传播刷形放电有关的案例研究	190
7.3.1	轨道车散装货箱爆炸	190
7.3.2	带内衬的金属桶	192
7.3.3	带内衬的塑料桶	193
7.3.4	消除静电干扰的失败尝试	194
7.3.5	喷雾床干燥器起火	195
7.3.6	超微粉粉碎机气流磨的点火	198
7.3.7	旋转塑模过程中的爆炸	199
7.3.8	塑料颗粒搅拌仓爆炸	200
7.3.9	金属管流出液体时的怪异情况	200
7.4	与火花放电有关的案例记录	202
7.4.1	金属桶内粉末爆炸	202
7.4.2	药片除尘	203
7.4.3	节流阀火花	204
7.4.4	向金属桶中充入正己烷	205
7.4.5	软管过滤器	206
7.4.6	水流过聚氯乙烯软管	208
7.4.7	失而复得	209
7.4.8	神奇的接地夹	210
7.5	锥形放电引起的点火	211

7.6	对静电点火的疑惑	211
	7.6.1 聚乙烯桶内的火灾	212
	7.6.2 溶剂清洗区域的火灾	214
	7.6.3 玻璃管破裂	216
7.7	以相关经验行事	217
	参考文献	219

第8章 电荷的定向利用 …… 220

8.1	应用	220
8.2	静电应用的创造性实现范例	222
	8.2.1 胶黏剂黏结-阻塞	222
	8.2.2 插入件在可变基底上的粘贴	225
	8.2.3 将多个纸卷材或膜卷材阻塞在一个色带上	226
	8.2.4 冷却辊上熔体层的黏附	227
	8.2.5 卷绕时避免伸缩	228
	8.2.6 内模贴标-内模装饰	229
	8.2.7 金属板材涂油	231
	8.2.8 快速移动卷材上液体介质的应用	231
	8.2.9 快速移动基材的干燥	233
	8.2.10 凹版印刷和涂布机	234
	8.2.11 减少涂布过程中的颗粒雾	238
	8.2.12 技术测量过程中充电的使用	240
	8.2.13 混合物质的沉淀	241
	8.2.14 电黏结	244
	8.2.15 利用电晕系统进行表面处理	245
8.3	总结	248
	参考文献	249

附录M 数学工具箱 …… 250

M1	电容的能量 W	252
M2	电场 E 电场强度 E	253
M3	电通量密度 D（之前：电位移）	254
M4	频率 f	254
M5	电感 L	255

M6　电容 C ·· 255
M7　力 F、F ··· 257
M8　电量 Q ·· 258
M9　电位 φ ··· 259
M10　电压 U ·· 259
M11　电阻 R（通用）···································· 261
附表 A　国际单位制基本单位 ·························· 264
附表 B　国际单位制衍生单位 ·························· 264
附表 C　十进制倍数和因数 ····························· 265

附录 V ··· 267
V1　视频可从 www.wiley-vch.de 下载 ··············· 267
V2　幻灯片演示 ·· 267
　V2.1　静电学原理（演示试验）······················ 267
　V2.2　"Freddy"实例（厂区静电危害）··········· 268

第1章 火灾与爆炸基础的风险评估

如果静电真的像它的名字一样是静态的,那么它可以被忽略。从离开汽车时感觉到的无害电击,到可能致命的雷暴闪电,只有当静电变得更加活跃时,它才能引起我们的兴趣,我们才能感知它。

然而,本书中意图证明,明显的弱静电放电或多或少能够点燃易燃材料,从而造成恶性火灾和伤亡。很可能是因为它的不可预测性,在没有其他合理的解释时,静电往往被错误地归咎于火灾和爆炸的原因。为了避免这种错误的归因,从火灾和爆炸的基础知识开始论述是合乎逻辑的。

1.1 火灾和爆炸的基本注意事项

火灾与爆炸,两者的共同点是都有火焰的表现形式,火焰总是表明燃料与空气混合物以气态方式快速燃烧。这种化学反应取决于燃料的燃烧热,导致温度升高。

火灾的主要特征是在开放的环境中有稳定燃烧的火焰,因此,反应热在不增加压力的情况下扩散到环境中。

然而,当点火发生在一个封闭空间内的可燃环境中时,如在一个桶中,从火源开始,火焰前缘贯穿整个空间。在大气条件下,火焰前缘将以10m/s的速度扩展。因此,火焰的热效应导致压力增加约10bar(1MPa),压力在随后的冷却过程中会逐渐减小,这种短时间的压力增加可能会导致毁灭性的破坏,称为爆炸。

燃料在空气中的放热反应发生在最微小的颗粒之间,即燃料分子和氧气分子之间,这时,主要燃料以气体形式存在,形成所需的气态相。对于易燃液体,这种分子燃料和氧气混合物可以很容易地通过液体的蒸发来实现。然而，对于固体燃料（粉尘，但不是金属粉尘），必须打破它们的化学键，这样碳氢化合物分子才能自由地与氧发生反应。因此，相当一部分点火能用于熔化、蒸发或将粉尘颗粒裂解成气态碳氢化合物。这就是为什么点燃可燃粉尘所需的能量总是比点燃可燃气体和蒸气所需的能量要多得多的原因。

相反，在金属粉尘中，颗粒表面发生氧化反应，这也是放热的。基本上，当以下组合达到一定时间或一定比例时，就会引起火灾或爆炸，这就是通常所称的危险三角形（图1.1）：

- 燃料；
- 氧气；
- 点火源（热量）。

图1.1 危险三角形

这个危险三角形应用广泛，主要用来表示引起火灾所需要的3个组成要素，如果其中任何一个要素不存在，都不会发生燃烧。下面详细地分析每个组成要素必须满足的附加条件。

1.1.1 燃料

燃料代表能够引发爆炸性环境的物质。虽然有必要对气态、液态和固态燃料加以区分，但它们的一个共同特点是，燃烧只能维持在一定的爆炸范围内，这是由爆炸下限和爆炸上限所决定的。对于易燃液体，爆炸下限的特征是闪点（图1.2）。在爆炸下限和上限之间总存在着爆炸性环境。

第1章 火灾与爆炸基础的风险评估

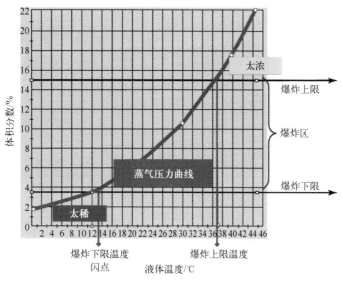

图1.2 乙醇的蒸气压-温度曲线

1.1.2 热量

热量表示启动点火所需的热能,也称为点火源(图1.4)。

1.1.3 氧气

对于所有燃料,空气中的最低氧浓度(minimum oxygen concentration,MOC)是必需的,低于这个浓度燃烧就不能进行。

1.1.4 惰化过程

MOC定义为氧浓度的阈值,它以氧的体积分数为单位表示,与燃料浓度无关(表1.1)。但值得注意的是,MOC随压力和温度变化,也依赖于惰性气体的类型。

表1.1 两种混合惰性气体条件下某些气体和粉尘的氧浓度阈值
(氧气体积分数)

气体或粉尘	氮气/空气	二氧化碳/空气
乙烷	11	14

续表

气体或粉尘	氮气/空气	二氧化碳/空气
氢	5	5
异丁烷	12	15
甲烷	12	15
n-丁烷	12	15
丙烷	12	15
高密度聚乙烯	16	—
低密度聚乙烯	16	—
纸	14	—
聚甲基丙烯酸甲酯	16	—
聚丙烯	16	—
聚氯乙烯	17	—

1.1.5 热量和氧气

需要指出的是，氧浓度与点火源能量之间存在相互关系：氧浓度越高，点火源对点火能量的需求越低；反之亦然。

1.2 爆炸性环境

1.2.1 易燃液体的爆炸极限

对于防止火灾和爆炸，爆炸极限通常很重要。这可以用一个简单的试验来解释，在这个试验中，一些煤油被倒进一个小煤油炉里：当点燃的火柴浸入煤油液体中时，它就会熄灭。

然而，当煤油被加热到45℃后，重复这个试验时，点燃的火柴可以点火，液体继续在它的表面燃烧。

对上述试验中煤油灯行为的解释与液体的蒸气压有关。根据液体的温度，在液体表面形成一定的蒸气压，从而形成一定的蒸气浓度。图1.2所示为乙醇的蒸气压-温度曲线，以及液体表面的气压浓度与温度的关系。由于乙醇的燃点为12℃，上述试验会导致乙醇在室温下产生火焰。

通过使用该曲线，可以将液体的爆炸下限和爆炸上限用温度表示。与爆炸下限相关的温度称为闪点（℃），鉴于易燃液体易于着火，这是确定易燃液体危险性的一种简单、可靠的方法。温度低于其闪点的液体不能被点燃。因此，闪点等级是使用易燃液体时最重要的数据，在安全数据表中列出了闪点，表明它们在室温下不会燃烧。

在乙醇的例子中，爆炸危险只存在于爆炸范围内，爆炸范围受到爆炸下限温度（12℃）和爆炸上限温度（37℃）的限制。点火后，在没有任何更多的燃料或空气进入的情况下，火焰将蔓延整个空间。此外，还必须考虑到，超过爆炸上限温度时不可能发生点火。比如，如果燃料和空气的混合物太浓，因为缺乏氧气也不会爆炸，这种效应被用于汽车的油箱。它们永远不会爆炸，但漏气时（接触空气）可能被烧毁。

在爆炸下限以下，空气中燃料分子之间的平均距离过大，因此，来自点火源的热辐射不能提供足够的能量来继续点火（辐射能量的减少与距离的平方成正比）。在爆炸上限以上，燃料分子的浓度非常高，以至于它们之间没有足够的氧气来进行反应。

在这种情况下，必须指出，所有易燃液体的蒸气都比空气的密度高。因此，它们总是会积聚在容器的底部。

直到2009年，图1.3所示的易燃液体分类一直是有效的。

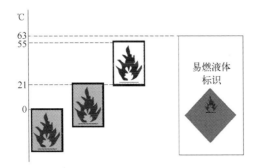

图 1.3　易燃液体系统（至2009年）

2009年，易燃液体被归类为危险物质，并已纳入联合国化学品分类和标签（UN2013）[1]的全球协调系统（globally harmonized system，GHS）。

GHS的目标是在世界范围内采用相同的标准，根据环境和物理危害对化学品进行分类（表1.2）。

表1.2 易燃液体标准

分 类	标 准
1	闪点<23℃且初沸点≤35℃
2	闪点<23℃且初沸点>35℃
3	23℃<闪点≤60℃
4	60℃<闪点≤93℃

现在，易燃液体（表1.3）根据其闪点（flash point，TF）和初沸点（initial boiling point，TIBP）进行分类。

表1.3 易燃液体分类及标签

危险类别	图 标	警示信号	危险说明	危险说明代码
1	🔥	危险	极易燃的液体和蒸气	H224
2	🔥	危险	高度易燃的液体和蒸气	H225
3	🔥	警告	易燃液体和蒸气	H226
4	无图标	警告	可燃液体	H227

注：气溶胶不应归类为易燃液体。

1.2.2 可燃粉尘的爆炸极限

与气体和蒸气相比，由于重力对颗粒的影响，固体燃料（可燃粉尘）和空气的混合物是不均匀的；例如，空气中的粉尘，其粒子分布随时间和空间不保持恒定。在安全方面，粉尘/空气混合物的爆炸极限不像蒸气/空气和气体/空气混合物的爆炸极限那样重要。

对于大多数可燃有机粉尘，爆炸下限为 $20\sim50g/m^3$。然而，也有一些非常敏感的粉尘，爆炸极限低至 $10g/m^3$。例如，落在地板上几毫米的可燃粉尘，当空气漩涡上升时，就可能造成整个房间的爆炸危险。很难确定爆炸上限，因为它的浓度范围为 $1kg/m^3$ 或更高。

1.2.3 金属粉尘

由于金属本身易于氧化，在空气中分散得很细的金属粉尘也可能具有爆炸性。与前面提到的有机粉尘相比，金属粉尘不需要转化为气态就能点燃，因为金属粉尘与空气中的氧气在其表面直接发生放热反应。

1.3 杂系混合物

粉体产品与可燃气体或蒸气结合时,由于可燃气体或蒸气的点火能在大多数情况下较低,往往存在着点火危险性增大的问题。此外,还必须考虑到,当粉尘和气体的浓度都低于各自的爆炸极限时,杂系混合物已经是可燃的。杂系混合物点火所需能量始终低于纯粉尘点火所需能量。当粉末被易燃溶剂湿化时,将形成杂系混合物。

1.4 爆炸性危险区域的设置和许用设备

在欧盟防爆指令(ATEX)137"工作场所指令"中,对提高可能受到爆炸性环境威胁的工人安全提出了最低要求。

工厂管理人员必须将可能产生危险爆炸环境的场地划分为不同的区域。对特定区域及其大小和位置的分类,取决于大气爆燃发生及持续存在的可能性。

根据国际电工技术委员会(IEC)60079-10-1 和 60079-10-2[2],爆炸性环境可以划分为不同的区域。

区域0:由气体、蒸气或雾状可燃物质的空气混合物组成的爆燃环境,连续或长时间或频繁存在的区域。

区域1:由气体、蒸气或雾状可燃物质的空气混合物组成的爆燃环境,在正常运行中偶尔可能出现的区域。

区域2:由气体、蒸气或雾状可燃物质的空气混合物组成的爆燃环境,在正常运行中不太可能出现,即使出现,也只会持续很短一段时间的区域。

区域20:空气中以可燃粉尘云形式存在的爆炸性环境,连续存在或长时间存在或短时间频繁存在的区域。

注:有粉尘堆积,但粉尘云不连续、不长时间、不频繁出现的区域不属于本区域。

区域21:空气中以可燃粉尘云形式存在的爆炸性环境,在正常运行中可能偶尔出现的区域。

区域22：在正常运行期间不太可能发生可燃粉尘云形式的爆炸性环境的区域，即使发生，它们也只会持续很短的时间。

1.5 许用设备（设备防护等级）

设备类别表示按区域使用的设备所能提供的保护级别。

在这里，气体、蒸气或薄雾形式的易燃物质与空气混合形成的爆炸性气体大量存在的区域用字母G（气体）表示。相应地，可燃粉尘云形式爆炸性大气存在的区域用字母D（粉尘）表示。

正如前文讨论的，根据爆炸性环境出现的可能性可以将其划分为不同的区域。但经验表明，在某些情况下，风险评估为生产经营者提供了更大的灵活性。为此，为了便于利用可靠的风险评估方法，使设备选择更容易，引入了设备防护等级（equipment protection levels，EPL）。EPL根据它们可能产生的点火风险来识别和描述所有设备。

根据IEC60079-0：2011[3]，爆炸性环境中使用的设备分为以下EPL（有明显的标志，如M代表采矿，G代表气体，D代表粉尘）。

EPL Ma：在易受沼气影响的矿井中安装的设备，它们有"非常高"的防护等级，具有足够的安全性，在正常运行、发生预期故障或罕见故障期间，甚至在突然爆发的气体中被激活时，都不太可能成为点火源。

EPL Mb：在易受沼气影响的矿井中安装的设备，它们有"高"的防护等级，具有足够的安全性，在正常运行情况下，或在气体泄漏至设备断电这段时间范围内发生预期故障的情况下，不太可能成为点火源。

EPL Ga：用于爆炸性气体环境的设备，具有"非常高"的防护等级，在正常运行、预期故障或罕见故障时不会成为点火源。

EPL Gb：用于爆炸性气体环境的设备，具有"高"的防护等级，在正常运行或预期故障期间不会成为点火源。

EPL Gc：用于爆炸性气体环境的设备，具有"增强"的防护等级，在正常运行时，它不会成为点火源，可以有额外的保护，以确保在常规预期事件发生的情况下，保持点火源的非活性。

EPL Da：用于爆炸性粉尘环境的设备，具有"非常高"的防护等级，在正常运行、预期故障或罕见故障时不会成为点火源。

EPL Db：用于爆炸性粉尘环境的设备，具有"高"的防护等级，在正常运行、预期故障时不会成为点火源。

EPL Dc：用于爆炸性粉尘环境的设备，具有"增强"的防护等级，在正常运行时，它不会成为点火源，可以有额外的保护，以确保在常规预期事件发生的情况下，保持点火源的非活性。

可以预期，设备防护等级将在未来取代区域划分。表1.4显示了区域、类别和设备防护等级之间的关系。

表1.4 区域、分类和设备防护等级之间的关系

区域	类别	设备防护等级
0	1G	Ga
1	2G	Gb
2	3G	Gc
20	1D	Da
21	2D	Db
22	3D	Dc

1.6 点火源

根据科学知识和经验，点火源是一种释放能量的手段，它能在与空气混合时点燃某些可燃物质。20世纪60年代初，对无数的火灾和爆炸事件的评估已经表明，需要纳入考虑的不同点火源只有13种。从那时起，不同的专家对点火源进行了试验，但发现既不能通过组合相同性质的点火源来减少数量，也不能找到新的点火源。时至今日，世界各地许多专家的研究证明，确实只有13种点火源需要处理。下面列出了这些点火源和一些简单的实例。需要注意的是，这里并没有根据点火源的出现频率对其进行排序。

1.6.1 热表面

热表面是系统、设备和部件在正常运行过程中能量损失的结果。如果发生故障，温度可能会升高，包括线圈、电阻、灯、热设备表面、刹车或过热轴承。

1.6.2 火焰和热气体

在正常运行过程中,燃机装置内部会产生火焰和热气体,包括热粒子。发生故障时,其外部也会产生火焰和热气体,因此需要采取排气冷却装置等保护措施,包括气焊、内燃机排气或者电线的开关火花引起的粒子排出。

1.6.3 机械生成火花

通过摩擦、击打和研磨,颗粒与固体材料分离,将产生机械生成电火花(MGS)。由于分离过程引入了能量,微粒会有更高的温度。如果微粒含有氧化物质(如铁),在飞行过程中,由于与大气中的氧气发生反应,它们的温度可能达到1000℃,从而产生火花。机械生成电火花能够点燃易燃气体和粉尘环境。

1.6.4 电气设备

在一般情况下,电气设备被认为是点火源,但只包含本质安全电路的电气设备例外。

1.6.5 阴极保护

阴极保护是一种高效、耐用的金属设备防腐蚀方法。因此,必须考虑到使用的接地电压源可能会引起杂散电流,带来不同接地点之间的电位差,从而可能形成电火花。

1.6.6 静电

静电是一种经常被忽视的点火源,因此成为本书的主题。

1.6.7 闪电

闪电的冲击会在爆炸性环境中引起点火。雷击产生的大电流,如流过雷击导体,可以在冲击点附近的导体内产生感应电压,从而产生电火花。然而,也有可能是由于雷击导体达到高温而点火。

1.6.8 电磁场

电磁波含有 $10^4 \sim 3 \times 10^{11}$ Hz 的高频,如发射、接收设备和移动电话。

1.6.9 电磁辐射

电磁辐射是能量的一种形式,包括红外辐射、可见光等,如闪光灯、激光和夜视设备用灯。

1.6.10 电离辐射

电离辐射的例子包括材料测试用 X 射线和辐射诱导聚合用紫外线。

1.6.11 超声波

超声波的例子包括超声波材料测试和超声波清洗设备。

1.6.12 绝热压缩和冲击波

绝热压缩和冲击波的例子包括反向启动压缩机和长管道中的漂移波。

1.6.13 化学反应

化学反应的例子包括放热过程。

关于点火源的点火性,有一些点火源(如火焰、雷击)能够点燃所有可燃材料。然而,热表面、机械火花和静电的情况有所不同,取决于具体参数,如材料的点火温度和最小点火能(minimum ignition energy,MIE),它们只能点燃特定的可燃材料(表 1.5)。

表 1.5 可燃气体的温度分类

温度等级	T1	T2	T3	T4	T5	T6
点火温度	>450℃	>300℃	>200℃	>135℃	>100℃	>85℃

1.7 最小点火能

可燃物质与空气(或氧气)的最佳混合物的最小点火能(MIE)定义为:用标准方法测量的情况下能够引起混合物着火所需的最小能量。这是一种对可能引发火灾和爆炸的危险情况进行分类的方法。能量可以通过多种方式提供,但只有当它以电容式火花放电的形式提供时才能直接量化。

前面给出的 MIE 的定义没有考虑能量的时空分布。一定数量的静电火花能量转换成热能可以在大体积和/或很长一段时间内发生。毫无疑问，与在短时间内将相同的能量释放到非常小的体积中相比，这样的条件对点火的促进作用要差得多。更为复杂的是，电容器在单个火花中释放的所有能量不能全都被转换成热能。有些能量在放电电路的布线中和火花通过的电极上以热量的形式散失，有些以光和电磁辐射的形式散失，有些则因火花施加的压力而散失。此外，在放电后电容上总是有一小部分剩余电荷。因此，最小点火能的测定本质上容易产生误差，因此不可能测量出精确值。

要发生点火，混合物中可燃物质（气体、蒸气或粉尘）的浓度必须位于可燃性的上限和下限之间，当浓度超过上限时，没有足够的氧气来支持和传播燃烧，当浓度低于下限时，没有足够的燃料来燃烧。在燃料/空气混合气中，点火能量与燃料浓度的关系是一条典型的U形曲线，其中最低点表示混合气的最小点火能数值（图1.4）。对于气体（和蒸气），浓度是根据气体/空气混合物中气体的体积分数来测量的。

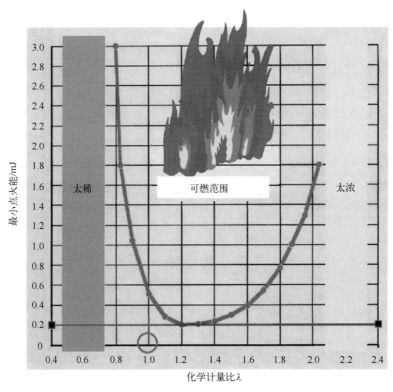

图1.4 受化学计量比影响的最小点火能

在化学计量值 1 两侧的混合物需要更多的能量来点燃。对于化学计量混合物（化学计量比为 1，即 $\lambda = 1$），知道可燃气体和氧气反应的化学方程式，就可以计算出气体/空气混合物中气体的体积浓度。

然而，在通常的实际情况中，最敏感的燃料气体浓度在点火时会比化学计量混合物稍有偏移。这是因为气体和氧气在即将燃烧的混合物区域中的扩散速度不同，该扩散速度取决于它们的相对分子质量。以丙烷为例，由于其较高的分子量，气体的扩散速度低于氧气的扩散速度，在预燃区混合物的气体过少。对于密度高于空气的气体（如丙烷），最小点火能数值略高于化学计量浓度，而对于密度较低的气体（如甲烷），最小点火能数值略低于化学计量浓度。

下面给出了静电引燃危险的一些说明。

火花放电或刷形放电释放的能量一般在 0.5mJ 以下（见 4.3.1 小节和 4.3.2 小节）。这意味着静电点火实际上只会在可燃气体/空气混合物的化学计量比条件下发生，即 $\lambda = 1$。

易燃液体的处理，如容器的灌装和清空。假设通常在室温下进行，那么在其表面形成 $\lambda = 1$ 混合物的液体特别危险。图 1.5 说明了某些选定的易燃液体的这种相关性。

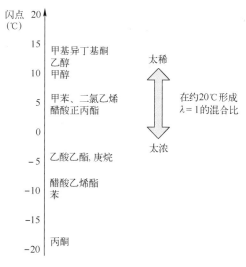

图 1.5　闪点与 $\lambda = 1$ 的相关性条件

由于闪点取决于液体的蒸气压，根据经验确定，当接近 20℃时，闪点约为5℃的液体在其表面表现出 $\lambda=1$ 的混合比。这也说明在确定的静电点火中，甲苯是否受到高于平均水平的影响。下面是关于气体和蒸气点火灵敏度的简单评论，它与爆炸分组相关。

正如前面所指出的，点燃烟雾和灰尘需要的能量要比点燃气体和蒸气需要的能量大得多。在大气条件下，点燃最易燃的燃料（气体或粉尘）和氧气混合物所需要的能量被定义为最小点火能。对于气体，最小点火能取决于具体的物质；而对于粉尘，则决定性地依赖于颗粒的尺寸大小。

气体的最小点火能数值在很大程度上已为人所知（见1.8节表1.9），根据 IEC 60079-0：2011[3]，它们被列为爆炸分组（表1.6），爆炸分组现在已得到国际认可（CENELEC - IEC - NEC 505）。

表1.6 可燃气体按爆炸分组分类

爆炸分组	物 质				
I（矿业）	甲烷				
IIA MIE≥0.2mJ	氨 丙酮 丙烷 苯	环己烷 正丁烷 正己烷	汽油 煤油 燃料油	乙醛	—
IIB MIE<0.2mJ MIE>0.02mJ	城镇燃气 丙烯腈	乙醇 乙烯 环氧乙烷	乙二醇 硫化氢	乙醚	—
IIC MIE≤0.02mJ	氢	乙炔	—	—	二硫化碳

注：组I仅涉及矿业；组II涉及所有其他领域；组IIA涉及正常可燃气体；组IIB涉及高可燃气体；组IIC涉及非常易燃气体。

对于粉尘，点火危险的分类要复杂得多，因为除了材料的影响外，颗粒的大小也必须考虑在内。

固体燃料在致密状态下很难点燃，要想着火，首先必须用机械将其压碎，使它们有足够大的表面与空气中的氧气发生反应。因此，表面/质量比决定了反应速度和点火灵敏度。

表1.7显示了物料粉碎如何导致表面积的巨大增加。将边长为10mm的立方体碎片化，我们可以得到：

第1章 火灾与爆炸基础的风险评估

表 1.7 粉碎后表面积的增加

立方体数量	棱长/μm	表面积/m²
10^3	1000	约 0.006
10^6	100	约 0.06
10^9	10	约 0.6
10^{12}	1	约 6

与固体燃料在紧凑型状态下类似，沉积的粉尘是可燃物，但它们不能燃烧。只有当灰尘被卷起时才会有爆炸的危险，如通过传播刷形放电。

当考虑可燃气体混合物时，能够看出可燃粉尘混合物之间的关系是多么复杂。尽管气体混合物在产生时是同质的，但在空气中盘旋的粉尘在体积和时间上并非恒定。一般来说，化学计量比近于 1 的最小点火能条件同样适用于气体和粉尘。

1.8 评估易燃液体潜在危险的假想试验

在处理 3 种众所周知的可燃液体的过程中，可以评价它们的潜在危险（表 1.8）。

表 1.8 典型液体

液体	点火温度/℃	闪点/℃
汽油（汽车燃料）	220	<-20
甲苯	535	6
煤油	220	>30

它们的最小点火能均为大约 0.2mJ，液体在室温下装在具有金属桶口的桶中。针对弱静电火花放电，问题出现了：如哪种液体对带电人体引起的点火最敏感？

乍一看，甲苯因为点火温度高似乎风险较小。但这是具有欺骗性的，因为所有静电放电显示的温度都高于预期的最高点火温度。从静电学的角度来看，只有 MIE 与此相关，但现在 3 种液体的 MIE 都是相同的。

也许一个"假想试验"会有所帮助。但需注意，它们只是为了清楚地说明头脑中的事物；绝不应该在现实试验中实现！

液体已经被灌满到桶口，如果一个弱的点火源接近液体表面会发生什么？如一个压电式气体打火机。

对于汽油和甲苯，火焰升起，在桶口处燃烧，煤油没有反应。原因是室温超过了汽油、甲苯的闪点；而煤油的闪点在室温以上。

桶里空了一半。现在插入点火源会发生：

（1）与汽油不反应，因为混合物"太浓"；
（2）甲苯发生爆炸，因为混合气在爆炸范围内；
（3）与煤油不反应，因为混合物"太稀"。

桶已全部倒空，但还没有清洗。点火会发生：

（1）与汽油不起反应，因为混合物仍然"太浓"；
（2）甲苯发生爆炸，因为混合气在爆炸范围内；
（3）与煤油不反应，因为混合物"太稀"。

将桶倒空并用水清洗一次后，会发生：

（1）汽油爆炸，因为混合气现在在爆炸范围内；
（2）可能与甲苯反应，但混合物可能"太稀"；
（3）由于混合物"太稀"，无法与煤油发生反应。

因此，在室温下甲苯是最危险的，因为在其表面上方总是弥漫着爆炸性气氛（在19℃时化学计量比为1）。

室温下密封容积（燃料箱）中的汽油危险性要小得多，因为其表面上的蒸气总是"太浓"。

新车第一次加油后，油箱里弥漫着丰富的混合气；因此爆炸永远不会发生。只有在容器颈部会出现火焰，就像之前提到的桶口一样。

即使油箱清空，也不会有爆炸的危险，因为混合气还是太浓了。如果车辆燃烧，油箱不会爆炸；然而，内部产生的蒸气压引起的火焰舌可能导致爆炸。

另外，用清水冲洗空的汽油桶会产生巨大的危险，因为此时汽油桶内的蒸气浓度可能达到爆炸范围。当使用"清洁的"汽油桶进行研磨、钻孔、焊接等工作时，会产生这种痛苦的经验。

在室温下使用煤油没有危险，在闪点以下温度处理易燃液体都是如此。然而，必须遵守安全裕量，对于纯溶剂应低于闪点至少5K，对于溶剂混合物应低于闪点至少15K。表1.9列出了一些常见物质。

表1.9 最小点火能（MIE）与最小点火电荷量（MIQ）的关系[4]

物　质	MIE/mJ	MIQ/nC	最佳点火条件/体积分数	符合 IEC 60079-20-1 的爆炸分组
乙醛	0.38	—	—	IIA
乙酸乙酯	0.46	120	5.2	IIA
丙酮	0.55	127	6.5	IIA
丙烯醛[a]	0.13	—	—	IIB
丙烯腈	0.16	—	9.0	IIB
烯丙基氯[a]	0.77	—	—	IIA
氨	14	1500	20	IIA
苯	0.20	45	4.7	IIA
1,3-丁二烯	0.13	—	5.2	IIB
丁烷	0.25	60	4.7	IIA
2-丁酮	0.27	—	5.3	IIB
2-丁基氯[a]	1.24	—	—	IIA
二硫化碳	0.009	—	7.8	IIC
环己烷	0.22	—	3.8	IIA
环丙烷	0.17	—	6.3	IIB
1,2-二氯乙烷	1.0	—	10.5	IIA
二氯甲烷	9300	880 000	18	IIA
乙醚	0.19	40	5.1	IIB
氧中的乙醚[a]	0.0012	—	—	—[b]
2,2-二甲基丁烷	0.25	70	3.4	IIA
乙烷	0.25	70	6.5	IIA
乙醇	0.28	60	6.4	IIB
乙烯	0.082	32	8.0	IIB
氧中的乙烯[a]	0.0009	—	—	—[b]
乙炔	0.019	—	7.7	IIC
氧中的乙炔[a]	0.0002	—	—	—[b]
环氧乙烷	0.061	—	10.8	IIB
庚烷	0.24	60	3.4	IIA
己烷	0.24	60	3.8	IIA

续表

物　　质	MIE/mJ	MIQ/nC	最佳点火条件/体积分数	符合 IEC 60079-20-1 的爆炸分组
氢气	0.016	12	22	IIC
氧中的氢气[a]	0.0012	—	—	—[b]
甲烷	0.28	70	8.5	IIA
甲醇	0.20	50	14.7	IIA
2-甲基丁烷	0.21	63	3.8	IIA
甲基环己烷	0.27	70	3.5	IIA
戊烷	0.28	63	3.3	IIA
顺-2-戊烯	0.18	—	4.4	IIB
反-2-戊烯	0.18	—	4.4	IIB
丙烷	0.25	70	5.2	IIA
氧中的丙烷[a]	0.0021	—	—	—[b]
1-丙炔（甲基乙炔）	0.11	—	6.5	IIB
氧化丙烯	0.13	—	7.5	IIB
四氟乙烯	4.1	—	—	IIA
氨甲基四氢吡喃	0.22	60	4.7	IIA
甲苯[a]	0.24	—	—	IIA
1,1,1-三氯乙烷	4800	700 000	12	IIA
三氯乙烯	510	150 000	26	IIA
三氯甲硅烷	0.017	—	—	IIC
二甲苯	0.20	—	—	IIA

资料来源：数据来自德国联邦物理技术研究院（PTB）。

[a] 来自 NFPA77，2007。

[b] 根据 IEC 60079-20-1，爆炸分组分类所依据的 MESG 值的测量方法仅适用于气体和蒸气与空气的混合物。

PPT 幻灯片演示

以下是验证静电学原理的可视化试验：

🖥 火灾与爆炸

🖥 区域和类别

🖥 测量方法

🖥 机械生成火花

参 考 文 献

[1] (2015) Globally Harmonized System of Classification and Labelling of Chemicals (GHS), 6th revision edn, UN.
[2] (a) IEC 60079-10-1: 2014-10. Explosive Atmospheres – Part 10-1: Classification of Areas – Explosive Gas Atmospheres; (b) IEC 60079-10-2: 2015. Explosive Atmospheres – Part 10-2: Classification of Areas – Explosive Dust Atmospheres.
[3] IEC 60079-0: 2011. Explosive Atmospheres – Part 0: Equipment – General Requirements.
[4] IEC/TS 60079-32-1. Explosive Atmospheres, Part 32-1: Electrostatic Hazards, Guidance, Table C2.

第 2 章　静电的原理

2.1　基础知识

静电研究由于电荷的吸引或排斥而产生的现象。电荷的存在表现为带电物体之间的力（图2.1）。

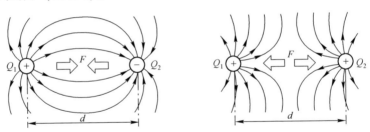

图 2.1　异性电荷相互吸引、同性电荷相互排斥

库仑[1]是第一个表达电场中电荷、力和距离之间经验关系的人。库仑定律基本内容如下：两个电荷之间力的大小取决于电荷本身的量值大小；力与它们之间距离的平方成反比。

这对于理解接触和分离充电的机理很重要（图2.3~图2.5）。

几个世纪以来，人们对静电电荷是如何产生的提出了许多观点，直到半导体的出现才确立了一个被普遍接受的理论。

电是一种与原子内基本电荷特别是电子有关的表征。它们是电荷的"载流子"，表现电的基本电荷。

电荷的传输总是用电流来表示的。为了解释原子的物理性质，这里使用了尼尔斯·玻尔的模型。由此模型可知，原子核是由带正电的质子和不带正电的中子组成的，原子核周围环绕着同样数量的带负电的电子。绕轨道运行的电子（带负电荷）数量与原子核中的质子（带正电荷）数量相对应，因此原子呈电中性。所以，在一个正负电荷处于平衡状态的物体中，其表面不显出任何剩余的电荷。

与位置固定的质子相比，导电材料中的电子是可移动的，可以传输电荷。在这一点上，对"正"电荷和"负"电荷这两个术语进行了解释。直到18世纪，人们还相信存在两种不同的电。只有Lichtenberg[2]通过实证研究的方法建立了正确数学模型的标准，并形成了两种电"流体"的二元概念。他提出了一个至今仍然有效的假设，即只有一种电"物质"可以用电量过剩和电量不足来表示。上述的移动电子代表这种带电物质，而质子则相反，是静止的。然而，在19世纪，核物理给原子模块指定了电荷符号：质子是"正的"，电子是"负的"。

此后，一场灾难开始了，因为每个从事与电有关工作的人都要理解以下定义：

① 多余的电子带负电荷，就会形成一个负极性区域。
② 缺少电子表示带正电荷，即正极区域。

这些电荷的平衡可以通过两极间的电连接来实现。带负电荷部分的电子向带正电荷的部分移动。它需要遵循电荷耗散的常见示例。

在图2.2中，一个金属桶被放置在绝缘塑料托盘上，桶中必须装入大量带正电荷的货物。因此，桶也将带正电荷，触碰时将会产生可燃的火花放电。

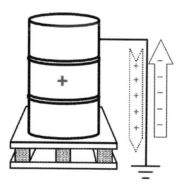

图2.2 电荷耗散

为了避免这种危险，在装料之前，先将桶接地以消散电荷。但是在桶和大地之间的连接中到底发生了什么呢？正电荷是怎样移动的？根据定义，只有电子，也就是带负电荷的基本粒子是可移动的。

从原子层面考虑，电子实际上通过连接从大地运动到桶，平衡了金属桶上电子的不足，这正是正电荷的特征。

在实践中，"将电荷耗散到大地"这种概括的说法是完全充分的，它与电荷极性无关，电荷极性在大多数情况下是无法确定的。然而，在某些领域中，必须观察载流子的实际运动，如在气体放电中。

要掌握静电电荷的来源，就必须确定如何处理静电现象。我们可以把这比喻成某人去度假，这个人需要带一张合适的地图，例如，一个徒步旅行者必须带一张详细显示等高线和人行道的地图，而一个开车的人必须带一张清楚标明道路的地图。在某种程度上，地图可以看作待探索区域的模型。同样地，在静电学中，对电荷起源的探索也可以这样解决。

一些探索者可能会对电荷转移的基本量子力学感兴趣，就像电子能带模型中描述的那样，而另一些人则会选择一种更现象学的方法。后者对于本书中介绍的实际情况最有用，这将在2.2节中介绍。

2.2 固体的静电电荷

几个世纪以来，吉尔伯特、法拉第[3]、利希滕贝格等对静电电荷的起源均持不同的看法。直到肖特基（1886—1976 年）提出的半导体物理学的出现，才发展出一种被普遍接受的理论。它基于这样一个事实，即当固体表面产生足够的能量时，电子就会发射出来，如通过加热。将一个电子从材料表面移到真空所需要的能量定义为电子的功函数，不同材料的功函数是不同的。一般来说，电绝缘材料（如塑料）的功函数总是比金属高，因为金属中存在足够数量的自由移动电子。

当两种具有不同电子功函数的材料紧密接触时，即两种材料之间的距离小于10nm时，在界面上就会发生电子转移。传递的电子数随两种材料功函数的差异增加而增加。

根据量子力学隧道效应的简单表述，电子从低功函数的材料迁移到高功函数的材料。因此，在一个表面上形成一层负电荷，在另一个表面形成一层正电荷。这种效应称为接触带电（接触充电），对于界面上产生的双电荷层，亥姆霍兹（1821—1894年）[4]提出了第一个模型，很好地描绘了这一情形。然而，它不能解释杂质等参数对带电现象的影响。

这种界面电荷极化造成的电位差通常在毫伏量级，并且由于表面之间的间隙非常小，系统的电容相对较高。接触充电本身只取决于材料之间的表面接触，而不管表面是静止的还是相对运动的。

"摩擦带电"（摩擦充电）这一术语已经使用多年，意味着这是一个不同于接触带电的过程。然而，现在我们知道，摩擦本身对起电过程没有影响，它所做的只是导致表面之间接触面积的增加。此外，"摩擦带电"（摩擦充电）一词仍然用来描述实际接触充电的现象。

事实上，这里描述的金属-聚合物接触电子转移，通常是摩擦充电的原因。但是，还有更多的机制需要考虑，即使它们对充电的贡献较小。根据所涉及材料的组成，例如，如果聚合物上存在移动离子，它们也可能导致电荷转移。甚至在界面中也可能发生物质从一种材料转移到另一种材料的情况。很明显，多种机制可能同时发生，这无疑会使完全理解充电机制变得复杂。哪些机理在什么程度上有助于电荷的数量积累是无法明确的，这或多或少取决于所讨论的材料状态。

连接到静电电压表的金属盘向下面的塑料盘移动（图2.3）。

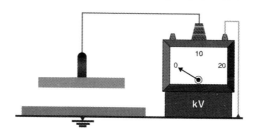

图2.3　充电接触之前

当两种材料紧密接触（小于10nm）时，电子将从金属板迁移到塑料部件。电荷发生转移，但直到现在还没有显示电压（图2.4）。

当再次将金属板从塑料部件提起时，必须克服两种不同极性电荷之间的静电吸引力；随后，正电荷和负电荷将会分离（图2.5）。电荷量保持不变，但随着电容的减小，电压增大。

接触充电之后表面被分开（图2.5），使它们之间的距离增加几个数量级，从而导致相应的电容减小。当表面分开时，电荷与急剧减少的系统电容

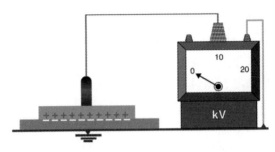

图 2.4 通过接触充电

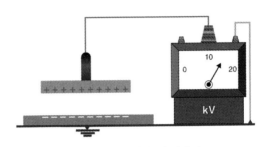

图 2.5 接触充电随后分离

的相互作用，引起了材料之间很高的电位差。

在分离带电表面时，必须通过在系统上消耗机械能来克服界面上相反电荷层之间的库仑引力。这种能量立即转化为电能，因此，暴露在外的电荷产生的电场可以有效地引起气体放电和电感应。

2.3 摩擦起电序列

如前所述，静电电荷的分离主要取决于所涉及材料的功函数不同。差异越大，分离的电荷量越大；反之亦然。柯恩[5]建立的定律说明，相对介电常数高的材料与相对介电常数低的材料分离时带上正电。

对应的摩擦静电序列如图 2.6 所示。已通过试验为各种各样其他的材料建立了序列；然而，它们只在给定材料的顺序上显示出微小的差异。

该序列定义为一组材料的列表，其排列方式是每一种材料在接触该序列中下面的任何一种材料后都带正电荷。如前所述，几种电荷机制可能同时发生，因此在命名的序列中，结果可能并不总是与材料之间的距离相关。

事实上，当名义上相同的材料相互接触然后分离时，电荷也会产生。这

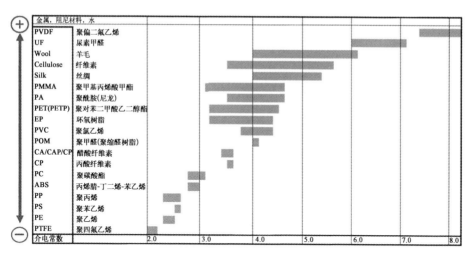

图 2.6 摩擦静电序列

很可能是由于材料表面的杂质（如灰尘）和材料表面的外来离子的存在造成的。

亨利[6]解释说，另一个可能导致相同材料充电现象的因素是不对称摩擦。

当材料摩擦在一起时，每个表面的面积有不同的大小。一个极端的例子是小提琴的琴弓在由动物内脏做成的琴弦上拉。虽然在这种情况下接触的材料是相同的类型，即胶原蛋白，但琴弦总是带正电，而马毛做的琴弓总是带负电。当琴弓在弦上拉动时，马毛被摩擦的区域比动物内脏琴弦要大得多。因此，摩擦能量和由此产生的热量都集中在琴弓滑过的琴弦上。这导致了琴弦温度比琴弓温度高的温差。琴弦中的电子比马毛琴弓中的电子处于更高的能量状态，并沿温度梯度移动，从而导致动物内脏琴弦带正电，而马毛琴弓带负电。

2.4 表面电阻率

对接触充电进行的任何关注，必须始终基于密切接触的不同材料之间的电荷转移。

在两个表面分离的过程中有这样一个趋势，每个表面上的电荷都会通过最后的接触点流过界面。在表面上通过传导发生的部分放电的速度取决于电荷所走路径的电阻。电阻越大，放电效果越慢；反之亦然。由此可以推断，由于表面分离速度快（放电时间短）和/或表面电阻大，传导对电荷的中和作用将受到限制，大量的原始电荷将留在表面。

另外，当分离速度较低（放电时间较长）和/或表面阻力较低时，表面上的电荷很容易被中和，从而留下较少的电荷。

通过这种方法，$10^{12}\Omega$ 的表面电阻率值划分出了耗散（较低值）和绝缘（较高值）材料之间的边界（图2.7）。

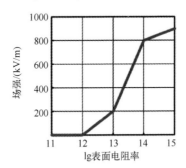

图2.7　分离速度为1m/s时电荷的中位数

电荷平衡的时间为

$$t = R \cdot C \tag{2.1}$$

用商式代替电容 C，即

$$C = \frac{Q}{U} \tag{2.2}$$

反过来可以计算电荷量，即

$$Q = t \cdot \frac{U}{R} \tag{2.3}$$

因此，只有当至少一种被分离的材料具有高电阻时，表面才会充电。

几种塑料材料的表面电阻率值见图2.8。表面电阻率的偏差或多或少是由于它们来源于不同厂商发布的文献资料。

影响材料表面电阻率的一个重要因素是周围大气的相对湿度。通过吸附空气中的水分，材料表面的电阻率就会降低，如图2.9给出的例子。因此，如果表面电阻率测试与标准测试气候不同，则测试需要在主要使用条件下进行。然而，不应该理所应当地认为相对湿度的增加总能够充分降低塑料的带电倾向。

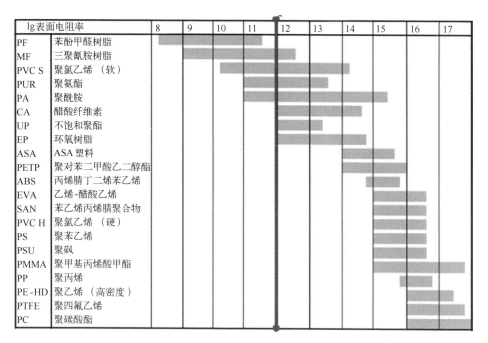

图 2.8　各种塑料在 50% 相对湿度和 23℃ 下的表面电阻率 ρ_s/Ω

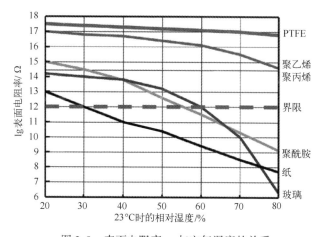

图 2.9　表面电阻率 ρ_s 与空气湿度的关系

例如，聚烯烃（聚丙烯、聚四氟乙烯等）是一组吸湿性很低的聚合物，在较高的湿度下，它们的荷电率只有非常轻微的下降。

从上述讨论中可以清楚地看出，静电电荷本质上是一种表面现象。因此，可以通过减少要分离的材料之间的接触面积来减少电荷。众所周知，经过哑光处理的中度粗糙表面可以显著减少静电充电，如在卷绕机中应用的磨砂轴。

牢记：

高电阻率和/或高分离速度带来高静电电荷。低电阻率和/或低分离速度带来低静电电荷。

当分离速度超过1m/s、材料表面的电阻率ρ_s增大不小于$10^{12}\Omega$时，可以检测到显著的静电电荷。

一般来说，我们的目的是尽量减少接触/分离过程产生静电带来的影响，而不是通过该过程产生静电。一定有人注意到从抛光物体表面剥下聚合物保护薄膜有多么麻烦，我们有必要了解表面质地对静电充电产生影响的可能性。

如前所述，电阻和分离速度对电荷量有显著影响。静电电荷总是一种表面现象，近距离接触（约10nm；参见图2.4）是一个基本的前提条件。因此，很明显，电荷的减少可以通过减小彼此近距离接触的面积来实现。

例如，塑料箔在经过抛光的金属滚轮时可能会产生高电荷。因此，通过去除滚轮光泽，减小分离过程中涉及的表面，电荷可能会减少，从而不再发生干扰。

因此，通过在塑料箔的表面喷洒非常微小的颗粒，如少量高度分散的二氧化硅（Aerosil®），也可以减少静电黏附所造成的问题。

此外，可以通过构造可充电表面来防止出现具有点燃能力的危险静电电荷。

2.5 液体静电电荷

当形成双电荷层时，科恩定律[5]既可以应用于固体/固体界面，也可以应用于液体/固体界面。

然而，与固体充电不同的是，液体充电还需要存在额外的离子。图2.10显示了金属容器（如管道）中的非导电液体在空闲状态下的情况。等量的负电荷在液体中形成一个扩散层，扩散层经历随机热运动（布朗分子运动；罗伯特·布朗[7]），使正电荷扩散到液体中。

当这种液体开始运动时，如流过管道（图2.11），这些正离子随液体一起被拖进一个金属桶里，使其带正电。

在液体中扫过的电荷量取决于液体的体积电阻率和液体从管道中分离的

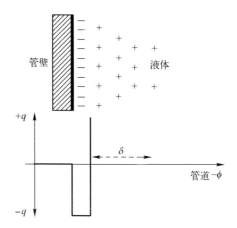

图 2.10　金属容器中的非导电液体

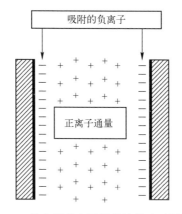

图 2.11　带电荷的离子随着液体流动被拖走

速度，与固体的情况类似。应该注意的是，液体的导电性质一般是用电导率来表示的，电导率是其电阻率的倒数。一般来说，防止或减少液体充电的方法与给固体推荐使用的方法相同。

双界面电荷层的形成也可能发生在两个非互不相溶相、分散体和乳液的内界面，如油在水中。这些系统组分之间大的界面区域可以出现大量静电，如有几个百分点的水的乳浊液和绝缘烃液体，正如克林肯贝格和范德明纳[8]所描述的那样。

牢记：

液体的充电最初是由它在"摩擦序列"中相对于管道壁材料的位置决定

的。因此，在金属管中，液体最可能带负电荷。

电荷强度是由电导率和流速之间的相关性引起的。

根据它们的电导率 κ，液体分为以下 3 组：

低值电导 $\kappa \leqslant 50\text{pS/m}$；

中值电导 $50\text{pS/m} < \kappa \leqslant 1000\text{pS/m}$；

高值电导 $\kappa > 1000\text{pS/m}$。

电导率 κ 是电阻率 ρ_v 的倒数，如 1000pS/m 对应 1000MΩ·m。在石油行业，与 1pS/m 一致的术语"电导率单位"（cu）仍然常用。

只要液体是静止的，就明显不带电。一旦液体开始流动，扩散的电荷就会被拉动，电荷的输送方式与固体相似。这既适用于液体，也适用于固体。高电阻率和/或高分离速度导致大量的静电电荷。此外，湍流可以显著增加电荷。

静止带电液体的弛豫过程可以通过乘以它们的电导率和介电常数来确定。与固体电阻的测量不同，有时液体的电阻很难评估。因此，建议参考 IEC[9] 的相应指南。

表 2.1~表 2.3 列出了几种常用液体的电导率和弛豫时间。

表 2.1 低值电导率液体

液 体	电导率 κ/(pS/m)	弛豫时间/s
石蜡（高纯度）	0.01	2000
石蜡（典型）	0.1~10	2~200
石油醚	≈0.1	≈10
提纯的芳香族化合物，如甲苯、二甲苯等	0.1~10	2~200
液压油	≤10	1~100
芳香族化合物（典型）	5~50	0.4~4
汽油	0.1~100	0.2~200
煤油	0.1~50	0.4~200
柴油	1~100	0.2~20
白油	0.1~100	0.2~200
芳香族溶剂混合物	1~1000	0.02~20

表 2.2　中值电导率液体

液　体	电导率 κ/(pS/m)	弛豫时间/ms
汽油+5%乙醇	50~1000	20~400
航空燃油+抗静电剂	50~500	20~200
重油	50~10000	0.2~400

表 2.3　高值电导率液体

液　体	电导率 κ/(pS/m)	弛豫时间/μs
原油	≥0.001	≤2×10^4
汽油+10%乙醇	≥0.01	≤2×10^3
乙二醇和乙二醇醚	1~100	20~500
醇类	1~100	20~1000
酮类	0.1~100	20~2000
去离子水	5	100
自来水	≥100	≤2×10^{-1}

2.6　气体充电

如前所述，接触带电可以发生在固体/固体、固体/液体和液体/液体界面。就气体而言，在它们的边界处没有静电，这意味着在管道中流动的气体本身不会产生静电荷；否则，气体只能通过其原子或分子的电离来充电，如电晕放电。

然而，任何被气流夹带的固体或液体颗粒（尘埃和气溶胶）都可能通过与固体表面接触并分离而产生电荷。对于气动输送，由气流带动固体或液体颗粒当然是非常重要的，空气中的粒子，如管道中的锈、压缩机中的油气溶胶或凝结的水雾，都可能导致相当数量的电荷，但人们并不希望产生的电荷出现在压缩空气中。

另外，粒子或液滴通过空气时是否会带静电的问题也出现了。根据上述内容可知，固体和液体粒子的静电行为是相同的。

慢慢倒入瓶中的易燃液体，引入到通过摩擦空气而带电的液体中，不时地会发生点火。

目前国际静电界对这一问题还无法达成一致意见。根据瑞典的规定，倾倒高度大于100mm会产生危险的静电电荷。德国TRGS 727[10]没有限制倾倒高度，但建议限制灌装速度。在德国国内和国际准则的这两种表述之间存在许多中间值。

静电小组专家开始通过试验澄清这个问题，他们决定进行空气中液体的下落测试（称为"飞溅填充"），以确定在特殊情况下是否会产生静电电荷。

根据填充液体体积的不同，设计了3个步骤：①毫升（单滴）；②公升（快速从桶中倒出）；③百公升（装填中级散货集装箱）。

2015年，随着"多种液体大距离下落液滴的静电电荷测量"[11]一文的发表，第一步已经完成。验证了以下结果：虽然研究爆炸危险的团体仍在讨论液滴与空气摩擦带电的假设，但这一假设是不成立的（对自由落体的电荷量测量，见3.9.2小节）。

在"飞溅填充"的第2步，证明了即使在公升这种量级，飞溅填充时也不会出现静电点火的危险。这表明通过重力将易燃液体从导电并接地的体积可达60L左右的容器中倾倒出来并进行飞溅填充，是没有危险的[12]。然而，由于所获得的结果不能评估大型储罐和容器的飞溅灌装，飞溅灌装可能发生的危害在百公升量级必须在接下来的第3步中进行研究。

在百公升量级，结果尚未确定；相关研究计划在2017年进行（关于飞溅灌装的电荷量测量，见3.10.6节）。关于流动气体的静电电荷，必须小心注意减压过程，该过程可能引发冷凝或升华。

应当指出，第二次世界大战后最惊人的爆炸事件发生在1954年9月23日的德国比特堡，有29人受致命伤（又见7.2.9节）。

将加压的二氧化碳吹入体积为$5000m^3$的地下储罐，其中只部分装满了$1350m^3$的煤油，用于灭火演示。由于没有火灾，只有12个钢瓶所装的二氧化碳被迅速释放出来，而不是为了可靠灭火而设计的120个钢瓶。几秒钟后发生了巨大的爆炸。

德国布伦瑞克联邦物理技术研究院的科学家能够证明，在这些条件下产生的大量带电的二氧化碳雪云引起的强静电放电（刷形放电）是点燃煤油蒸气的原因。

毫无疑问，增压二氧化碳是一种气体，因此，它在流经管道时不应带电。但二氧化碳膨胀时，直接从气体变为固体（焦耳-汤姆逊效应[13]），在喷嘴处形成雪花，雪花被加速输送到煤油上方的自由体积空间。当离开喷嘴时，雪花带上了静电电荷，造成很高的体积电荷密度，最终引起了能够点火的刷形放电。

实际应用：在任何情况下使用二氧化碳灭火器都只应该用来防火（而不是灭火），因为它最终可能引起点火。

牢记：

如果在有气流的地方检测到电荷，这总是由于挟带的气溶胶，如雾或灰尘造成的。随着压缩空气排出的油雾和/或铁锈颗粒经常会带有大量电荷。

必须关注的是，在多路增压气体同时并行膨胀的情况下，可能会产生强烈的冷却效应（焦耳-汤姆逊效应），使液体或固体颗粒迅速形成。

2.7 电　　场

正如 2.1 节所指出的，电荷的存在表现为带电物体之间的力。这就引出了静电学中的一个重要概念——"电场"。它展示了一个带静电物体所产生的力的方向和强度在空间中的分布，无论这个物体是由导电材料制成还是由绝缘材料制成。迈克尔·法拉第（1791—1876 年）[3]引入了电场的概念。

电场线图形化表达了任意一点的电场，而每单位的电场线数量与该区域的电场大小成正比。电场如图 2.12 所示，当电场线越密，电场越强；当电场线相距越远，电场越弱。电场线不仅具有理论意义，而且可以用试验来描述，如图 2.13 所示。

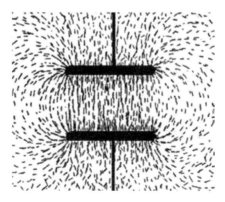

图 2.12　平行极板电容器中的电场线

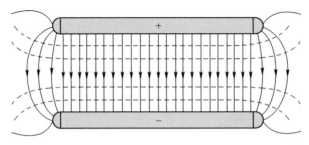

图 2.13 平行导电板之间的电场线（实线）与等电位线（虚线）结合

根据定义，电场线指向的是能够将带正电的测试电荷加速的方向。所以，这些线从带正电的物体指向带负电的物体。为了表达关于电场方向的信息，每一条电场线必须包含一个指向适当方向的箭头。

平行排列的平面电极之间的电场是均匀的。但在平行电极结构的末端会出现不均匀的边界场。

电场线必须垂直于入口一侧和出口一侧的导电物体的表面。由于电场线揭示了电场强度和电场方向的信息，它们不能在任何一点相交。

电场线图可以包含无数多条线。由于大量的线会降低图案的可读性，电荷周围的几条线就足以说明线周围空间的电场性质。为了便于理解，此处使用了二维表示。

以下说法基本适用于静电场与导体的关系：电场必须垂直于导体的表面，这意味着导体在静态情况下是一个等势面。电压差不可能跨越导体的表面；否则电荷就会流动。每个导体都有一个固定的电势，如果通过导线把它连接到大地上，就有 0V 的电势，这个过程称为接地。

很明显，利用这个惯例可以画出具有恒定电位的线，即等电位线。这些线可与地形图上的等高线相比较，等高线是等海拔高度的迹线。在这种情况下，海拔高度在某种程度上代表了电势（电压）。等电位线总是垂直于电场。物体沿等势面运动不会引起能量转移（既不输入也不输出）。对于又称为"均匀场"的平行导电板（图 2.13），等电位线（虚线）平行于平板。

对于非均匀场，用一个相对于平坦表面带电的圆柱形物体表示该场，如图 2.14 所示。因此，等势线是圆的，并随着离开圆柱电极半径的增大而分开。在带电导电体上，其表面的电场越强，曲率半径越小。

利用电场线和等电位线联合描述的方法，可以通过计算建模等方式来清楚地说明静电带电的情况。图 2.15 显示了工人清空金属铲斗、将物品倒进导

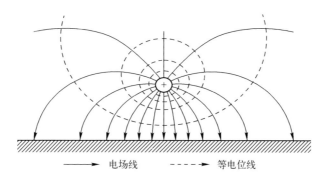

电场线 ——→　等电位线 ---→

图 2.14　圆柱板结构中的电场线与等电位线相结合

电的接地桶时的电场情况。他穿着导电鞋，站在绝缘台阶上，绝缘台阶位于导电并接地的地板上。因此，桶和地板处于零电位，由于进行清空操作，他被充电至高达 6kV。铲斗与桶之间的电场线密度最高，等电位线距离最小。因此，在这个地方火花放电是最有可能发生的。

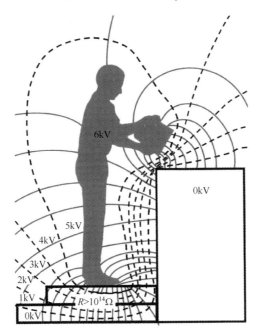

图 2.15　电场线（实线）和等电位线（虚线）的实际应用（见彩插）

一般情况下，所有的电场都可以用这种方法来描述，以确定其潜在的危险电位。然而，如果有人不满足于用二维图表观察，那么三维建模的工作量会相当可观。

场强的测量将在 3.9 节讨论。

2.8 电感应

不带电的导电物体总是显示出相同数量的正电荷和负电荷，它们相互束缚。当受到外电场的影响时，根据库仑定律这些电荷可以部分移位。

2.8.1 电感应说明

电感应的过程如图 2.16 所示。平行于带电的电容器极板（图 2.16（a）），将两个相互接触的金属片插入均匀电场（图 2.16（b））。这些金属片被固定在绝缘棒上（图中未画出），这有助于移动金属片而不损耗电荷。在平板电容器的电场范围内，在朝向正极一侧的金属片上由于感应而积累负电荷；反之，在另一块金属片上积累正电荷。此后，金属片彼此分开（图 2.16（c））并被移出电场，从而各自的电荷保持不变（图 2.16（d））。

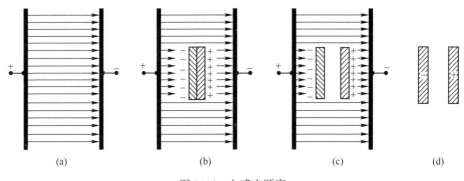

图 2.16　电感应顺序

2.8.2 像电荷

电场能够在附近的导电物体表面感应电荷（图 2.17）。来自正电荷的电场感应产生负电荷，来自负电荷的电场感应产生正电荷。由于感应电荷总是显示与原始电荷相反的极性，很明显，绝缘材料的带电粒子会被向导电物体吸引——不管后者是否接地。吸引力将一直保持到粒子的电荷消散为止，这取决于它的电阻率。

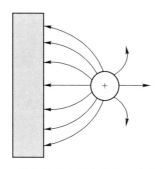

图 2.17 带电粒子在导电物体上产生像电荷

图 2.18 以示范的方式展示了对塑料法兰中隔离的金属螺钉进行感应充电。

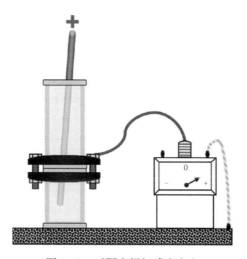

图 2.18 对隔离螺杆感应充电

当带静电的液体流过玻璃装置时，在绝缘法兰的金属螺钉处，电压表将检测到同样极性的电荷。电荷通过玻璃和法兰的绝缘材料进行转移的原因是前文提到的电感应。

为了使演示效果形象化，可以很容易地使用带电的塑料棒（+）插入玻璃装置，而不用倒入带电液体。拔出塑料棒后，电压表又显示为零。然而，当塑料棒仍保持在设备中时，通过短时接地对螺钉放电后，再拉出塑料棒，电压表会指示一个相反的极性。这种效果是由电感应产生的，只能通过连续可靠地接地来避免。

2.9 电容和电容器

每一个与大地隔离的导电物体都构成一个电容，电容量化了系统存储静电电荷的能力。其最简单的形式可以由两个相反的导电表面组成，它们通过空气相互绝缘（图2.12和图2.16）。

除了空气外，如果在相反的表面之间有任何电绝缘材料，系统的电容随着绝缘材料的介电常数而增加。

一般来说，带空气电容（介电常数为1）的电容值在皮法范围内。如果相反表面之间的间隙用绝缘材料（介电常数大于1）填充，电容可能增加到纳法甚至微法范围。这种类型的电容器适用于电子设备中。

这是20世纪的情况。直到21世纪，超级电容器才被开发出来，它通过"亥姆霍兹双层效应"存储电荷，该效应发生在导电电极和液体电解质之间的界面上。如果在这些界面上施加电压，就会形成两层极性相反的离子。两层离子被单层溶剂分子分开，这层溶剂分子附着在电极表面，就像传统电容器[14]中的介质一样。这些超级电容容量目前最高可达3kF，令人难以置信的是，它们可以存储有轨电车从一个站点行驶到下一个站点所需的驱动能量，并可以在车站快速充电。

PPT 幻灯片演示

通过试验可视化的静电学原理：
- 静态原点
- 电荷感应
- 液体流动

"Freddy"实例（厂区静电危害）：
- 电感应点火

参 考 文 献

[1] (a) Coulomb, C. A. (1788 [1785]) Premier mémoire sur l'électricité et le magnétisme.

Hist. Acad. R. Sci. Imprimerie R., 569-577; (b) Coulomb, C. A. (1788 [1785]) Second mémoire sur l'électricité et le magnétisme. *Hist. Acad. R. Sci. Imprimerie R.*, 578-611.

[2] Heilbron, J. L. (1979) Electricity in the 17th and 17th Centuries: A Study of Early Modern Physics, University of California Press606 pp..

[3] Faraday, M. (1855) *Experimental Researches in Electricity*, vol. I, II and III, R. Taylor and W. Francis, London.

[4] Helmholtz, H. (1879) Studien über elektrische Grenzschichten. *Ann. Phys. Chem.*, 7, 337.

[5] Coehn, A. (1898) *Ann. Phys.*, 64, 217.

[6] Henry, P. S. H. (1953) The role of asymmetric rubbing in the generation of static electricity. *Brit. J. Appl. Phys*, 4 (Suppl. 2), 531.

[7] Brown, R. (1828) A Brief Account of Microscopical Observations Made in the Months of June, July and August, 1827, on the Particles Contained in the Pollen of Plants; and on the General Existence of Active Molecules in Organic and Inorganic Bodies, Not published, copy see: Brownian motion from Wikipedia.

[8] Klinkenberg, A. and van der Minne, J. L. (1958) *Electrostatics in the Petroleum Industry*, Elsevier, Amsterdam.

[9] IEC/TS 60079-32-1. (2015) Explosive Atmospheres, Part 32-1: Electrostatic Hazards.

[10] GMBl 2016 S. 256-314 [Nr. 12-17] (vom 26.04.2016), berichtigt: GMBl 2016 S. 623 [Nr. 31] (vom 29.07.2016) *Vermeidung von Zündgefahren infolge elektrostatischer Aufladungen* (TRGS 727).

[11] Lüttgens, S. et al (2015) Electrostatic charge measurements of droplets of various liquids falling over a large distance. *Chem. Eng. Technol.*, 38 (00), 1-9.

[12] Thulin, A. et al (2016) Electrostatic discharges of droplets of various liquids during splash filling. *Chem. Eng. Technol.*, 39 (10), 1972-1975. doi: 10.1002/ceat.201500687.

[13] Joule-Thomson-effect: Schroeder, D. V. (2000) *An Introduction to Thermal Physics*, Addison-Wesley Longman, p. 142. ISBN: 0-201-38027-7.

[14] Peng, Z., Lin, J., Ye, R., Samuel, E. L. G., and Tour, J. M. (2015) Flexible and stackable laser-induced graphene supercapacitors. *ACS Appl. Mater. Interfaces*, 7 (5), 3414-3419.

第 3 章　测量

3.1　基础知识

测量是用来对事物的数字可评估数据进行经验性确定，如它们的属性和行为。例如，一个螺钉的螺纹尺寸是一种属性，螺钉在应变下的延伸率表征了它的行为。这与静电学非常相似。

（1）通过测量对地漏阻，可以估计出电荷在什么时间内会耗散。

（2）摩擦/分离试验可以表明电荷的行为能到达多大量值。

下面的例子表明，在静电方面对属性和行为做出区分也很重要，如静电的耗散特性和充电行为。

耗散地板可以通过耗散安全鞋将人身上的危险静电排到地面上。地板和鞋子的泄漏电阻不能超出相关的指导限值规定，这一点必须彻底检查，如图3.1所示。

测量必须按照IEC/TS 60079-32-2：4.5：泄漏电阻[1]进行。

然而，有时按照标准进行测量是不可能的，甚至不利于设计地板覆盖物和/或耗散鞋。如果这些材料中只有一种是绝缘材料，则可以得出结论，静电充电将会发生，但达不到预期的量值。决定因素是行走时地面覆盖物和鞋底之间的相互作用，这与它们的具体品质有关。

（1）长绒地毯、针毡地毯、塑料、陶瓷、木材、软木地板等。

（2）光滑的、粗糙的或有踏痕的鞋底，拖脚行走或大步行走的步态。

如果必须确定地板覆盖物在多大程度上有助于人体产生静电，可以进行测试，以确定充电过程，如行走时的充电过程。

因此，标准IEC/TS 61340-4-5（03-2005）[2]已经制定了《鞋和地板与人

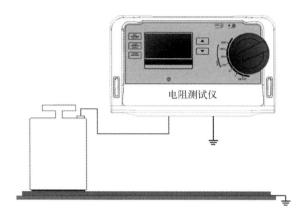

图 3.1 测量地板的泄漏电阻（在标准 1 的允许条件下）

体组合的静电防护特性测定方法》。该标准规定了一种测定穿着标准鞋的人在弹性地板或层压地板上行走时所产生的人体电压的方法。在研究这一标准时可以看到，除了要非常细致地准备待测试的鞋子外，还必须安排行走过程的精确时间表（图 3.2）。

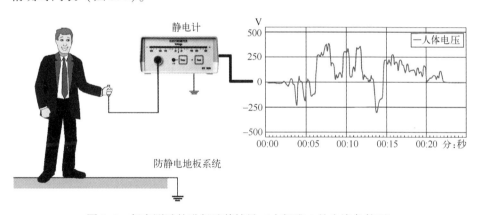

图 3.2 行走测试的进行及其结果（在标准 1 的允许条件下）

行走测试提供了电压曲线，如图 3.2 所示。为了评估测量结果，必须计算 5 个最低和 5 个最高峰值的算术平均值。以 kV 为单位，用计算所得平均值的绝对值表示结果。地板覆盖物的不均匀性和相对湿度（RH）会影响人在地板上行走时产生的静电。尽管这种方法的精确度受到了质疑，但它已经使用了 30 多年，在识别关键的地板覆盖物方面提供了良好的服务，对地板覆盖物能否产生不可接受静电的能力给出了可供评估的近似结果。

3.2 静电安全测量的适当方法

除了由静电引起的实际应用干扰外，避免点火危险是本书的主要关注点之一。点火危险以最小点火能（MIE）为特征，与可燃材料的点火灵敏度有关（见 1.7 节）。MIE 是在室温大气条件下，足以点燃最易燃燃料（气体或尘埃）和空气混合物的气体放电所储存的最小电能。

初期的静电没有点火危险。只有当电荷被储存时才会产生严重问题。因此，在对所有静电电荷的定义中，找到了"储存电能"这一必要的术语。从逻辑上讲，必须要求电荷以足够快的速度消散到大地上。各种指南中都指出了约 10ms 的电荷消散持续时间。如果要对危害进行评估，测量也必须考虑到这一点。

伴随着材料静电电荷引起的点火危险，属性与行为两者的关系被再次提了出来。表面电阻率和体积电阻率的安全限值在国际上被确定为相关材料的属性，并定义为"导电的和耗散的"。当具有这些属性的材料接地时，它们不会引起静电点火危险。

然而，如果材料既不导电也不耗散，则按照《爆炸性气体环境——静电危害指南》（IEC/TS 60079-32-1）[3]，通过测量转移的电荷，作为材料荷电行为安全性的相关评价标准，给出了一种可能性。测量使用库仑计，这应该并不复杂。然而，决定性的问题是，用什么方法进行充电才能获得切实有效的、面向用户的测量结果。

这种批判性思考是为了表明，如果想让所选择的测量方法满足当前情况下的要求，必须经过详细的预先计划。

3.3 比较：静电学/电气工程

电气工程在人们的生活中扮演着重要的角色，所以它的基本要素如电压、电流、电阻都是众所周知的。然而，从静电的角度考虑这些要素时，需要充分注意。

有时，电气技师进行静电大小的测量会成为一个问题。静电学和电气工程使用相同的术语，但它们在电阻、电压和电流的单位上相差几个数量级。

考虑到静电是一个恒流系统（电流源约为1μA），而电气工程意味着一个恒压系统（如230V），这就更容易理解了。

假设静电电流源，如高度绝缘的传送带，产生0.1μA的电流，电压表的内阻不得小于1TΩ才能得到合理的电压测量结果，在这种情况下，根据欧姆定律得到的电压为100kV。然而，电气工程中使用的电压表，其内阻通常为1MΩ左右。因此，这种类型的仪表只显示0.1V的电压，而不是在上千伏范围的实际电压。示波器和数字万用表（DMM）也不推荐使用，因为它们的内阻通常低于100MΩ（表3.1）。

表3.1 电气工程与静电学的比较

电气工程是一种恒压系统，如230V	
电流或过载保护的"熔断"电流	10A
接地电阻	大于10Ω
对危险接触电压的保护	最大触摸电压小于50V
绝缘电阻：（基本为大于2kΩ/V），根据EN 60204（也是电压表的最小内阻）	大于500kΩ
静电是一种电流如1μA的恒电流系统	
电压过压保护（大气场强最大值为3MV/m）	10kV
接地电阻	小于10Ω
用于保护接地设备免受危险电压的影响（最大电压小于100V）	100MΩ
绝缘电阻（也是电压表的最小内阻）	大于100TΩ

3.4 选择合适的测量方法

有时还不能确定应该采用哪种测量方法来评估静电点火的危险。因此，在特定的情况下，对不同的测量方法进行批判性的讨论是不可避免的。

预先评论：

由于缺乏定义，"抗静电"一词不适用于描述材料或物体的静电属性。抗静电一词通常用于描述一种材料在与大地接触时不能保留显著的静电电荷（CLC/TR50404[4]）。从根本上说，抗静电是买卖双方之间的不具约束力的意向声明。

3.4.1 电阻

为了评估材料、设备或部件静电引起的点火危险,静电测量是必要的。要评估一个物体是否会产生危险电荷,最简单的方法就是测量它的电阻。相关限值由 IEC/TS 60079-32-1[3] 规定并汇编。从表面看来,测量只包含电阻值。

3.4.2 实现电阻测量的基本方法

在静电学领域,必须确定数千欧姆至数拍欧姆的电阻值($10^3 \sim 10^{15}\Omega$)。这些电阻的测量一般是根据"电压/电流"原理($R = U/I$)来进行的。测量中使用的电压在 10~1000V 之间。因此,必须检测出约 1mA 到低至 1pA 范围的电流。这种电阻表是装有电压源的电流表。

电阻测量电桥不适用于静电学领域。如果根据"电压/电流"原理进行电阻测量,只有当"欧姆定律"对目前需要检查的材料有效时,才会得到确定的结果。一般来说,这只适用于金属。

非金属材料的电阻大小取决于测量电压,更准确地说,取决于内部场强。通常在施加测量电压后,会存在固有电流,这使材料极化并/或对其静电充电,在这一初始阶段测量电流减少。如果这种材料发生短路,将有放电电流流动,与充电电流反向。

从这些效应中得出的主要结论是电阻测量只能在直流电下进行。观察并等待,直到测量值不再变化为止。读取数值之前的测量时间可以参见 IEC/TS 61340-2-3[5]。

测量电压的选择标准见表 3.2。

表 3.2 测量电压的选择标准

电阻/Ω	测量电压/V
$<10^4$	10
$10^4 \sim 10^8$	100
$10^8 \sim 10^{12}$	500
$>10^{12}$	1000
$>10^{12}$	1000

(1) 满足应用要求。
(2) 可能的接触电势要高。
(3) 不要使被测物体发热。
(4) 不引起任何内部材料的变化。
(5) 引出尽可能大的测量电流。

更多的影响因素见图 3.3。

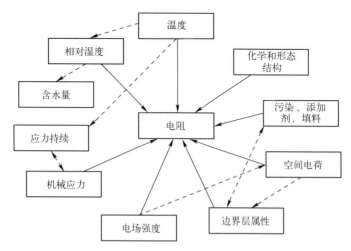

图 3.3 电阻的影响因素

1. 体积电阻和导出的体积电阻率

材料的体积电阻值是通过将其放置在两个彼此相对的电极之间来确定的，既不考虑电极的面积，也不考虑电极之间的距离（材料厚度）。为了得到材料的可比较性结果，应详细指定其体积电阻率。根据计算中的国际单位制单位，体积电阻率以单位 $\Omega \cdot m$ 表示，每个电极的面积为 $1m^2$，电极之间的距离为 $1m$。习惯上以 cm 为长度单位，有 $1\Omega \cdot m$ 对应 $100\Omega \cdot cm$。

2. 测量体积电阻的保护环电路

均匀材料的体积电阻和表面电阻相比较时，后者总是较低，这是需要注意的。这种差异随着电阻的增加而增加。从物理学的观点来看，产生这种效应的原因是表面污染，这种污染总是存在的。特别是高电阻时，将导致测量体积电阻时产生不正确的结果。通过使用"保护环电路"可以避免这种错误（图 3.4）。

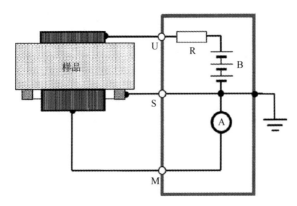

图 3.4　测量体积电阻时用于防止产生错误的保护环电路

样品上方电极的电流供应从端子 U 经过的保护电阻 R，受到电池 B 的影响。流过样品的测试电流被下电极接收，并通过端子 M 定向输入到皮安培计 A，连接到电池的另一个终端。为了防止上方电极流过样品表面的电流也到达仪表，将其与周围的环形电极（保护环）隔开，并通过终端 S 直接返回到电池，从而绕过皮安计。

3. 表面电阻和导出的表面电阻率

更确切地说，表面电阻这一术语在物理学上是不正确的，因为电流不是通过表面而是通过体积流过。然而，由于表面的电阻对于评估材料的静电属性是有用的，所以在接近表面的层中由于电流流动而产生的表面电阻仍然被采用。

具有足够低表面电阻的表面在与大地接触时不可能产生静电。因此，表面电阻是与静电荷电率有关的一种基本静电属性。由于表面电阻通常随相对湿度的降低而增加，因此在测量过程中需要较低的相对湿度以重现最坏的情况。

如图 3.5 所示，将样品表面与两个导电电极接触，测量两电极之间的电阻。电极尺寸为长度 100mm，距离为 10mm。

电极长度是其距离 10 倍的原因是为了减少边界场的影响所造成的系统测量误差。用这种电极结构测量的电阻一般被定义为表面电阻。在适当情况下，可以使用其他电极结构来表示样品的表面电阻率特征。表面电阻率表示单位长度和单位宽度条件下，跨过相对的两个表面呈现出的电阻，表示正方形的几何形状，通常用 Ω（或 Ω/m^2）表示。很明显，该值与正方形的尺寸无关。

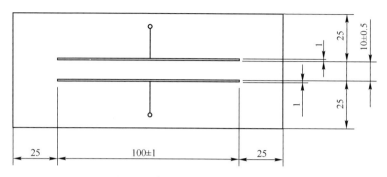

图 3.5 常见的表面电阻电极配置

要注意,测量的电阻和电阻率依赖于电极结构。例如,采用图 3.5 所示的电极结构测量的表面电阻比表面电阻率低 10 倍。

4. 测量表面电阻的保护环电路

测量表面电阻所需的电极需要固定在一个确定的位置。如果使用绝缘固定部件,电流可能会与测量电流叠加,从而错误地指示较低的电阻值。

使用"保护环电路"可以避免这种错误。电池 B 的测试电流通过保护电阻器 R 和端子 U 通过左电极 Bl,然后流过样品表面的电流被右电极 Br 吸收,通过端子 M 流过皮安计 A,到另一个电池终端(图 3.6)。

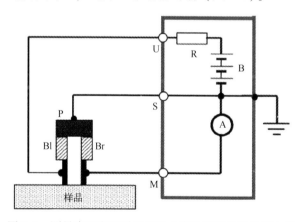

图 3.6 测量表面电阻时用于防止产生错误的保护环电路

为了防止电流通过电极的绝缘配件到达电表,用金属支架 P 设计的保护环将电流分开,并通过 S 端子直接返回电池,从而绕过皮安表。

3.5 阻值范围规定与总结

在静电方面,根据其电阻,所有材料和物体都用以下3个术语来定义:
① 导电的(conductive);
② 静电耗散的(static dissipative);
③ 绝缘的(insulating)。

这些定义由 CENELEC CLC/TR 50404(2003)[4]、IEC 61340-5-1(2007)[6]和 IEC 60079-32-1(2013)[3]规定。

电阻值的范围规定如表3.3所列。

表3.3 电阻值的范围

导电的	
体积电阻率	$\rho_v \leq 10^4 \Omega m$
表面电阻率	$\rho_s \leq 10^5 \Omega$
耗散的	
体积电阻率	ρ_v 在 $10^4 \sim 10^9 \Omega \cdot m$ 之间
表面电阻率	ρ_s 在 $10^5 \sim 10^{12} \Omega \cdot m$ 之间

绝缘(也称为"不导电")是指材料既不导电也不耗散。鉴于其静电特性,绝缘材料也具有"可充电"的特点。绝缘部件的接地既没有必要也没有用处。

以下是需要考虑的因素:只有当涉及电均质材料时,电阻才是关于静电特性的有用信息。例如,具有单一导电纤维的织物和防护服、柔性容器等是一种电不均匀的材料,这些纤维彼此之间有电接触并被编成一体。对这种导电纤维系统进行接地,其电荷可以被耗散,然而,中间的绝缘区域保持带电状态。

使塑料具有静电耗散性能,通常的做法是通过加入细小分散的导电颗粒,最好是炭黑。在足够的颗粒浓度(约5%)下,会形成导电接触路径(渗流),从而在整个基质中产生导电性。然而,对于一些聚合物,特别是聚四氟乙烯,出现了令人不悦的效果:在开发耗散塑料时测量电阻发现,加入6%的炭黑可以产生足够的导电性。因此,可以得出结论,根据这个配方生产的材料以及由它制成的物体都具有足够的耗散性。

用户在检查进货时经常会发现，物品是黑色的，但却是绝缘的，这种情况偶有发生。

有时这会带来投诉，其代价较高，但哪里出错了？

调查得出了以下新发现：如果塑料的电阻是通过添加细小分散的导电颗粒来降低的，可以注意到在近表面区域，导电颗粒的浓度已经降低。聚合物分子之间的吸引力往往比添加的导电粒子更大。这可以解释表面的聚合物分子覆盖了导电粒子，形成 $1\mu m$ 范围内的绝缘外层。用金刚砂纸除掉该层后，就可以实现所需的低电阻。

在这些添加剂耗尽表面施加约为 1000V 的电压时，会发生局部电击穿，一般不会有点火危险。因此，测量耗散塑料电阻时建议使用尽可能高的测量电压，然后就可能发生击穿，在添加剂耗尽的表面形成导电痕迹，这样就可以用较低的推荐值（前文已讨论）来确定正确的测量电压值。

3.6 液体的电导率

液体根据其导电性分为高导电性、中导电性和低导电性。电导率为电阻率的倒数，如 1000pS/m 对应 $1000M\Omega \cdot m$（1S/m 相当于 0.01S/cm）。

根据电导率 κ，液体可分为以下 3 种类型：

（1）低 $\kappa \leqslant 50pS/m$；

（2）中 $50pS/m < \kappa \leqslant 1000pS/m$；

（3）高 $\kappa \geqslant 1000pS/m$。

所选液体的电导率值及其评估在表 3.4 至表 3.6 中列出。

表 3.4 选定液体的电导率值

液　体	电导率值/pS/m
石蜡油	0.1~100
甲苯、二甲苯	0.1~10
汽油	0.1~100
煤油（喷气燃料）	0.1~50
乙醚	0.1~100
润滑油	0.01~1000
芳香族溶剂混合物	1~1000

表3.5　低导电性液体

液　体	电导率值/pS/m
重油	50~100000
乙醚	50~100000

表3.6　高导电性液体

液　体	电导率值/μS/m
去离子水	1
酮类	1~100
醇类	1~100

低导电性液体容易产生危险的高量电荷。

中级导电性液体可能由于快速流动、湍流或通过过滤器而产生静电。

对于高导电性液体，只有在高压下喷射时才会产生静电（高压清洗）。

3.7　散装物料

散装物料根据其体积电阻率分为3组（表3.7）。

表3.7　散装物料分组

序　号	散装物料	体积电阻率
1	低电阻率粉末	$\rho_v \leq 1M\Omega \cdot m$
2	中电阻率粉末	$1M\Omega \cdot m < \rho_v \leq 10G\Omega \cdot m$
3	高电阻率粉末	$\rho_v \leq 10G\Omega \cdot m$

低电阻率粉末很少见，即使是金属粉末也不能长时间保持导电，因为氧化膜在其表面形成并增加其电阻率。然而，炭黑是个例外。

3.8　在危险区域使用绝缘材料

在爆炸危险区域使用绝缘材料的必要性不应被低估，因为使用具有耗散特性的材料并不总是合适的。这就引出了一个问题：是否有可能通过直接测量材料的带电行为来评估静电的危害。

出于安全考虑,仅使用导电或耗散材料与以下一些原因相矛盾:
(1) 材料的绝缘性能通常是必需的,并且必须保持;
(2) 添加抗静电剂往往会恶化材料的质量;
(3) 抗静电添加剂总会增加成本;
(4) 在目前普遍的加工条件下,绝缘材料是否会产生危险的电荷,这一点不能完全确定。

这就把我们带回到本章的开头,本章对于产生静电危险的物体,必须根据其静电属性和行为来检查。静电属性的测定已在前面对电阻测量的解释中讨论过。为了研究静电行为,已经建立了一些测量原理,这些原理将在下面章节讨论。

3.9 静电电荷的测量

表 3.1 中已经表明,静电表现为电流系统,而电气工程或多或少是基于恒定电压。因此,从静电学的角度来看,本质上必须考虑电流,它能够在非常高的电阻下对小电容充电或产生电压降。表 3.8 给出了充电操作引起的电流有多小。

因为这样的小电流在测量中很难控制,测量小电容或高电阻上产生的电压更为合适。

表 3.8 电荷在粉末上积聚

操　作	质量电荷密度/($\mu C/kg$)
气动输送	0.1~1000
微粉化	0.1~100
研磨	0.1~1
转轴饲料传送	0.01~1
倾倒	0.001~1
筛选	0.00001~0.001

注:单位质量电荷与充电电流相对应。

3.9.1 用静电电压表测量电压

特别适合测量电压和电位的是静电电压表,因为它不表现出任何电能消耗，只需要一个小的电流脉冲来为其内部电容充电。它们的作用方式是基于图 3.7 所示的静电电荷的斥力和吸引力（库仑定律）。

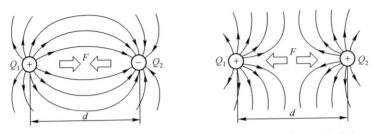

图 3.7 极性相反的电荷之间的引力 F 和极性相同的电荷之间的斥力 F

其使用范围受小转矩值的限制和电极距离的二次函数的限制，这将导致量程小于两个数量级。因此，对于更大的测量范围，需要一些测量仪器。

测量原理是基于具有相反电荷的固定电极和可旋转电极之间的吸引力。它适用于测量直流和交流电压；但对于后者，系统中将流过容性无功电流。

在图 3.8（a）中，平板电容的距离随着电场的影响而减小。在图 3.8（b）中，指针在一个合适的电极结构中转动。给定的电压与容量的变化和指针处的转矩成正比。在这里，电极的设计使电压指示可以线性化。由于静电电压表一般只用于测量直流电压，所以只需要一个小的电流脉冲来为其内部电容充电；因此，拍欧姆（10^{15}）范围的输入电阻仅取决于电极之间隔离的质量。

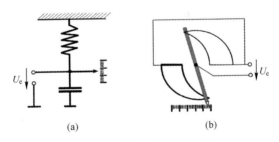

图 3.8 静电电压表示意图

除了一些用于演示的设备外，市场上不再出售静电电压表，而是由静电计放大器取而代之，它基于场效应晶体管在测量输入端提供高欧姆阻抗。

在测量输入端设置场效应晶体管，可以实现电子电压表，输入阻抗可达特欧姆范围。与测量范围为千伏的静电电压表不同，这些电子电压表能够测量毫伏范围内的电压（图3.9）。

该电路可与反相放大器相比较。通过由电阻 R_1 和 R_2 组成的电位分压器，部分输出电压将被引回输入端，从而确定增益系数。使用静电计时需要外部电源。

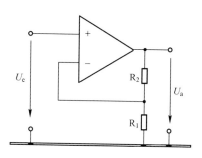

图3.9　静电电压表放大器

▲3.9.2　用法拉第筒测量电荷

由于导电空心体（法拉第筒）的内部是一个无电场空间，被插入的带电物体的电荷在不接触的情况下会转移到腔室壁上，这是由于电感应的影响（见6.9节）。桶的地电势随电荷的增加而增大。实际上，外部电势与内部电荷的极性相反，因此反映了电压表上显示的带电物体的极性（图3.10）。

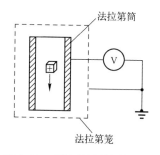

图3.10　用法拉第筒测量电荷

插入物体的电荷遵循方程 $Q = C \cdot U$。因此，绝缘物体的电荷可以通过将其插入法拉第筒来确定（见6.8.1节）。

1. 法拉第笼

与法拉第筒（无电场区）类似，空间可以通过四周封闭的导电接地套管来保护免受外部电场的影响。这种封闭不需要毫无间隙，因为一个导电线网实际上会屏蔽所有的电场线。

"笼"一词源于法拉第本人有时会将小动物（如老鼠）关在笼子里以证明其屏蔽作用。

相关试验可以在慕尼黑的德国博物馆里进行，当一个博物馆同事走进一个接地的金属网格球并被提起来时，网格球经受高压闪络（500kV）。然后，这名同事安然无恙地走了出来，尽管他的金属牢笼的内部已经接上了电。

2. 自由落体电荷测量

要找出在空气中自由降落的粒子或液滴在其飞行路线上是否会改变其静电电荷状态，这是一个挑战[7]。基于法拉第筒电荷测量原理，试验装置及其结果如图 3.11 所示。

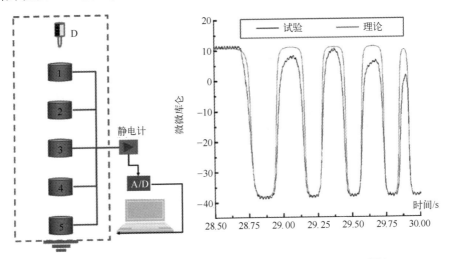

图 3.11 对自由落体液滴的电荷测量、试验装置和结果（见彩插）

单个带静电的液滴从分配器 D 中向 5m 长的屏蔽接地试验台自由落下。4个法拉第圆柱体（1，2，…，4）和一个法拉第筒（5）放置在彼此的下面，并固定在隔离器上（对地电阻大于 100TΩ）。所有法拉第部件相互连接，并连接到静电计的高阻抗测量输入端，而信号通过 A/D 转换器后，存储在 PC 中并显示。

图 3.11 中，理论预测（红线）与试验结果（黑线）吻合较好。可以注意到，随着下降速度的增加，峰值变窄。

▲3.9.3 电场强度的测量

电阻测量是在样品上通过电流而得出测量值,电荷测量与其不同,测量过程每一次通过电流都会扭曲结果,因此必须避免。所以,对于电荷测量,只需考虑静电系统,如静电电压表。由于它们在某些情况下难以操作,对于静电测量,建议使用电场计。

1. 感应电场计

与静电电压表相比,自1930年以来就以不同版本闻名的感应电场计表现出了完全不同的原理。它利用与周围环境隔离的导电体内的电感应引发的电荷转移效应。根据图3.12,在旋转接地的电屏蔽叶片(测量斩波器)后面,放置一个静电感应电极。它连接到一个放大器输入端,该输入端有防止过电压的保护。在感应电极上用于电子转移的能量由参数放大器的驱动电机提供。

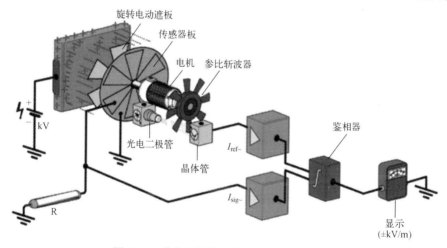

图 3.12 感应电场计基本配置(经 F7 许可)

被测电场的电场线最终取决于旋转的电动遮板叶片的位置或位于其后面的感应电极的位置。这会产生与放大器输入端的场强成比例的交流电(I_{ref}),整流后产生场强值。

电荷的符号(场强方向)将由相位同步斩波器(带光电晶体管的遮光板 I_{sig})和随后的鉴相器确定。

利用这种原理工作的场强计量程从约 10V/m 起,可以用来测量高达 3MV/m 的介电强度。这种电场计具有以下显著特点(图3.13):

(1) 高灵敏度（约 1V 电位）；
(2) 电荷极性指示；
(3) 精度在±5%内；
(4) 漂移可忽略。

图 3.13　Kleinwächter 股份有限公司的电场计（经 F7 许可）

  电场计是优良的测量设备；然而，根据电场的性质，这些测量可能是不正确的而又未被注意到。特别是观察到斩波器和感应电极之间接触电位的微小差异已经导致了零偏移。

  因此，两种表面都是由同一种耐腐蚀材料制成的，如镀金。由于沉积的灰尘颗粒等污垢的存在，在测量端头可能发生无法补偿的迹象。当用接地的固定帽（场强为零）覆盖测量端头时，这种故障将变得更为明显；测量仪的零点无法调整。当感应电极的绝缘部分由于杂质或湿度的影响而降低等级时，也可能发生测量故障。

  测量电容的均匀电场易于构造，也很容易对电场计进行检查（图 3.18）。
  图 3.18 中的箔片将被连接到可变直流电压源的金属板取代，电压源带有指示器（最大 10kV）。经验表明，检查电场计必须定期进行。
  测量电阻可以明确地表示被测材料的属性，而与之相比，测量场强来确定静电行为则受到几个参数的影响。场强测量中经常被忽视的是由测量装置本身引起的场强畸变（图 3.16）。

最大的问题是展开绝缘箔时可能产生静电电荷,如图 3.14 所示,在相反的两边显示不同的电荷。例如,当展开的箔片带负电荷时,在线圈的下一层上,相应的正电荷总是保持不变。只要移动一个周长,这个正电荷就会跟随负电荷的原点移动。

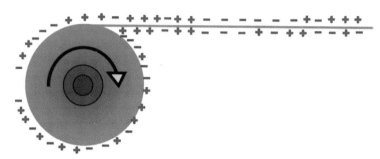

图 3.14 展开绝缘箔时的电荷

在这种情况下使用场强计时,相反的电荷似乎可以自我补偿。然而,金属箔的两面或多或少都有反电荷。因此,在这种情况下,测量场强并不是确定箔片静电行为的合适手段。

2. 场强测量误差

只有在均匀电场中才能正确测量场强。插入电场的接地测量装置总会引起电场畸变,因为场线集中在探头上,这导致测量值非常高。因此,测量方法必须在不受测量装置干扰的情况下得到结果。该问题在这里的示例演示中进行了描述。

图 3.15 描绘了长带电荷箔片发出的电场截面。为了简化,箔片到处都带

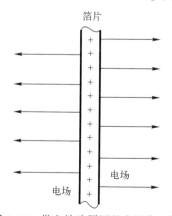

图 3.15 带电箔片周围的未扭曲电场

有正电荷。在这一片段中，不存在电场的扭曲和空间边界。电场线从箔片开始无限延伸。这样的场被定义为均匀的。均匀场在接近接地测量装置时的畸变如图 3.16 所示。

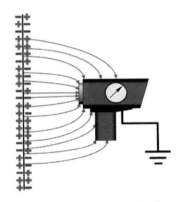

图 3.16　接近接地测量装置时的电场扭曲（经 F2 许可）

电场线在测量装置处的集中使场强有相当大的增加。将电场均匀化的尝试如图 3.17 所示。

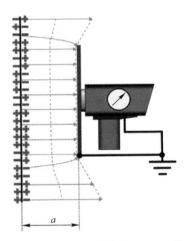

图 3.17　一侧的电场均匀化（经 F2 许可）

然而，在这种情况下，测量装置上的场强仍然高于未扭曲均匀场中的场强，因为箔片背面的电场线也被重定向到探头（图 3.14）。现在的电场虽然是均匀的，但测量的场强仍然是它的 2 倍左右。只有当两个接地板相互平行且带电箔片运行在中间时，箔片产生的场强才可以如期望的那样被正确记录

(图 3.18)。然而,这种均匀化是一个复杂的过程,有时不容易进行。

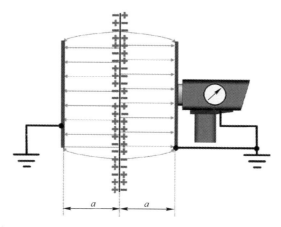

图 3.18 箔片两侧电场的均质化(经 F2 许可)

在测量区域存在接地部件时,还会进一步产生测量误差。电场或多或少地指向地电势,从而降低了测量装置上的场强。典型的例子见图 3.19 和图 3.20。

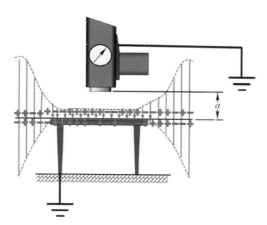

图 3.19 附近接地部件(木桌)引起的测量误差(经 F2 许可)

3. 其他类型的电场计

除了德国的 Kleinwächter 电场测量系统外,新的压电系统也被开发出来。图 3.21 描述了一个类似的系统,原理与 Kleinwächter 相同。其遮板不是一个旋转系统,而是一个位于感应电极前面的压电的叉式遮板(图 3.22)。

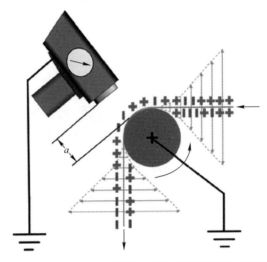

图 3.20　附近接地部件（金属辊）引起的测量误差（经 F2 许可）

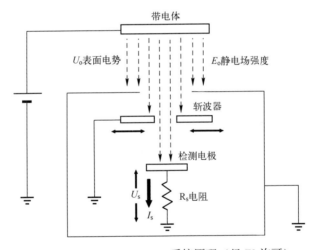

图 3.21　Kasuga Denki KSD 系统原理（经 F3 许可）

还有第 3 种方法可以测量无失真的电场（图 3.23），它越来越受欢迎，尽管需要相当高的设备复杂性。其基本原理是使测量探头的电势与试验样品的电势一致。

这可以通过带有模拟零位检波器的自平衡比较器来实现。零位检波器不断地向测量探头提供精确的参考电压，直到试样和探头之间的场强为零。这种补偿电压与试样的表面电位一致。

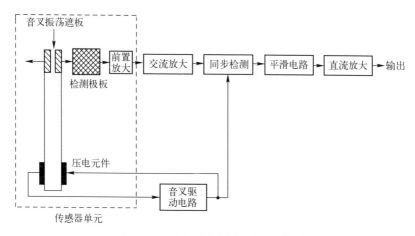

图 3.22　表面电压表框图（经 F3 许可）

由于物体与探头之间不存在电场，在这种测量原理中不会产生电场畸变，因此也就不会产生相关的测量误差。探头可能携带危险电压，因此必须小心操作。建议采用触摸保护。

这个过程还有另一个显著的效果：事实上，电势只能在导电物体上被识别出来，因为隔离器并不构成等势面。然而，图 3.23 所示的设置也能够获得绝缘物体表面电位的信息。

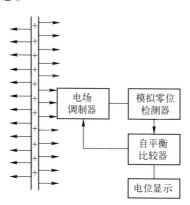

图 3.23　通过电位适应法测量场强

图 3.24 是通过电场探头的电位适应性来测量场强的例子，测量装置在这种情况下是一个纵向振动器（压电技术）。

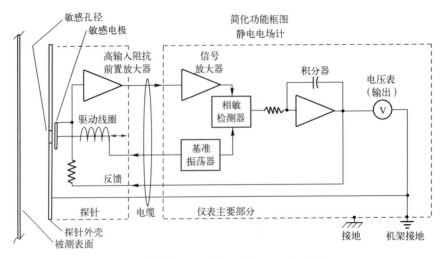

图 3.24 无电位测量的压电技术原理（经 F4 许可）

第 4 种类型的仪表是美国 TREK 公司的接触式电压表。这种测量装置更适合于电子工业领域的静电放电，以测量可能的电子设备电荷。该系统进行无电场测量。这种类型的电压表表现出非常高的输入电阻（不小于 $10^{14}\Omega$）和非常低的输入阻抗（不大于 $10^{-14}F$）（图 3.25）。

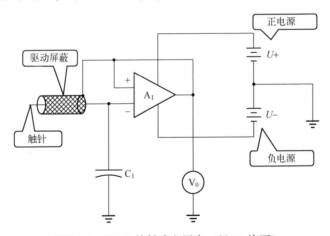

图 3.25 TREK 接触式电压表（经 F5 许可）

这 4 种电场计的测量范围为 1V~2MV。电场计探头的直径和压电传感器测量孔径的设计对测量区域有决定性的影响（图 3.26 和图 3.27）。也应该注意到，相关测量系统的响应时间在 1ms~1s 之间。图 3.26 及图 3.27 显示了测量面积与测量距离的关系。

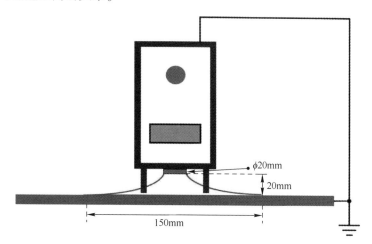

图 3.26　φ20mm 场强计的测量面积（经 F1 许可）

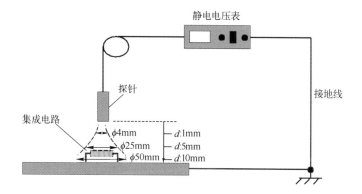

图 3.27　压电传感器测量面积（经 F5 许可）
测量面积为 4mm 直径探针到表面的距离为 1mm（注意：尺寸不是按比例绘制的）

4. 感应电场计的进一步应用

电场强度定义为电压/距离，单位为 V/m。因此，在均匀场中，如果已知电场的长度，就可以确定电压。通过图 3.28 所示的测量附件，电场计将被转换成静电电压表。它的输入电阻仅取决于前电极与大地的隔离，前电极与传感器板前方的旋转接地斩波器之间的距离很小（如 $a=10\text{mm}$）。将要测量的相对地电势的电压被施加到前电极上。测量电压的结果是场强乘以场的长度 a。通过这种方式，测量电荷和电压可以不消耗功率。

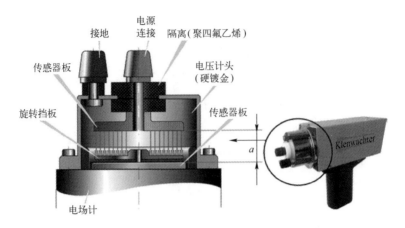

图 3.28 改装为电压表的感应电场计（经 F2 许可）

一般来说，电压测量附件显示的电场长度为 10mm，允许在 ±1V ~ ±2kV 范围内进行电压测量。但可以通过定做附件将范围扩展到 ±40kV（图 3.29），两者的输入电阻均大于 $10^{15}\Omega$。

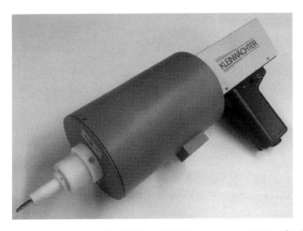

图 3.29 高达 ±40kV 的电压表（精度为 ±2.5%）（经 F7 许可）

（1）库仑计。电荷 Q 的测量越来越重要。特别是人们对气体放电中电荷转移的量[3]更有兴趣。配有电压测量附件的感应电场计也可以很容易地在这项工作中使用。为增多存储电荷，平行连接一个附加电容（图 3.30），按公式 $Q = C \cdot U$ 进行计算，能够将场强计扩展为电荷测量装置。在实际中，当选择附加电容为 10^{-9}F 时，1V 的电压显示对应 1nC 的电荷。

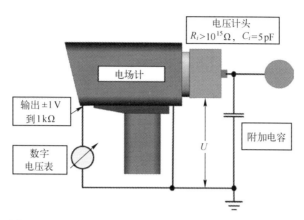

图 3.30　改进后的感应电场计作为库仑计（经 F2 许可）

如图 3.30 所示，用一个球电极固定在电压测量附件上，从刷形放电（带电绝缘部分）或从火花放电（带电导电部分）转移的电荷，可以用测量的方法记录下来。但当球电极向带电物体移动时，会发生由电感应引起的电荷位移，这会导致存储电容充电以及相应的电压增加。为了避免可能的误解，国际协议根据图 3.31 修改了球电极。

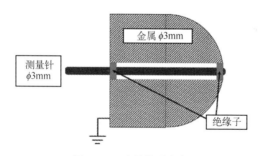

图 3.31　改装的球电极

在推荐直径为 25mm 的接地球电极上有一个孔（直径约为 5mm），其中有一个隔离的测量电极（直径约 3mm）连接到电压测量附件，电极前面有一个圆形的尖端。因此，测量转移的电荷是可能的，不会受到电感应的较大干扰。

（2）皮安计。图 3.32 中的测量设置说明了如何使用带有电压测量附件的感应电场计作为皮安计。本设备只有一个外部负载电阻被并联连接。如果选择 $10^{12}\Omega$ 的值，根据公式 $I=U/R$，可以测量皮安。

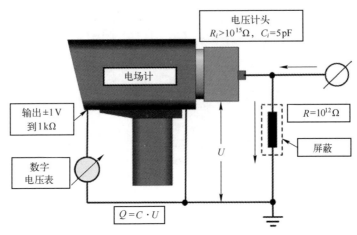

图 3.32　电感应电场计作为皮安计（经 F2 许可）

3.10　其他测量应用

3.10.1　移动卷材表面电荷测量

图 3.33 描述了一个使用示例。在涂装工厂，最高的电荷水平总是在涂装后的放电点，即位于被涂装卷材的剥离线和第一个偏转辊之间。

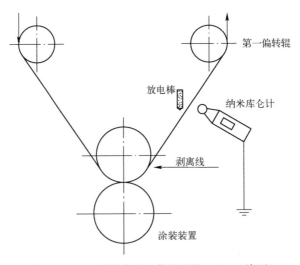

图 3.33　移动卷材表面电荷的测量（经 F2 许可）

如果没有放电棒或由于污染使放电棒不工作，表面电位可能在 50~150kV 之间。刷形放电基于垂直剖面和极性，由这些电荷的高电位所决定。这些电荷通常通过卷材边缘发射到接地的机械部件。

刷形放电在易燃气体（即爆炸性气体）存在的情况下会引起火灾。

表面电荷可以用纳米库仑计测量。当在放电棒之前和之后进行测量时，就可以确定放电棒的效率水平。对属于爆炸分组 IIA 和 I 的物质，放电棒之后的测量值必须小于 60nC。建议沿卷材方向重复进行几次这样的测量。

这些测量只能在非爆炸性的环境中进行，环境可以通过测量装置如爆炸计进行检查。

▲ **3.10.2 防护性纺织服装（工作服）分析**

在处理潜在爆炸性或高度易燃物质的操作区域，员工必须穿着合适的防护服。这也适用于在电子工业生产区域的着装，即使最小的静电放电也会对部件造成损害。这就要求员工穿戴静电防护服。防护服所用材料的保护性能必须经过验证。

在欧洲，电阻测量是按照欧洲标准 EN 1149 1+2[8]进行的。

通过对材料进行准确的充电和测量其放电时间，就可以得出关于放电容量和电荷保留量的静电特性的定量数据。随后将描述两种可行方法来确定放电容量。

1. 摩擦起电试验程序

在图 3.34 所示的试验过程中，试样被夹具夹住一侧后接地。测试样品是通过自由落体来摩擦带电的，自由落体包含在由两个塑料圆柱杆组成的滑动装置中。

电荷衰减（弛豫）时间用电场计测量。作为静电特性的测量，测试样品的最大电荷电势和下降的电荷电势在 30s 的放电时间后测定。其他电荷电势及其半衰期 t_{50}（电荷电势的 50%）的持续时间也可以确定。

2. 静电感应的测试程序

赫尔曼·屈采希和克里斯蒂安·福格尔开发了一种特殊的测量装置执行该测试程序，测量装置利用了静电感应过程[10]。

在测量电压的电场电极和电场探针之间，测试样品被夹放在测量装置上，卡环接地。不管其静电材料的特性如何，测试样品将影响探头上电场电极的电场控制，并可根据其静电屏蔽效果进行评估。没有测试样品就不会有任何屏蔽效应（屏蔽因子 $S=0$），金属制成的测试样品会产生 $S=1$ 的屏蔽因子（图 3.35 和图 3.36）。

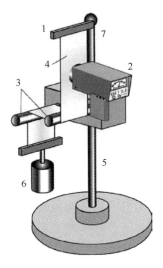

1—固定夹具；2—场强计；3—圆柱棒；4—测试样品；5—导轨；
6—张紧装置；7—滑动起始位置。

图 3.34 摩擦电荷的测试程序[9]

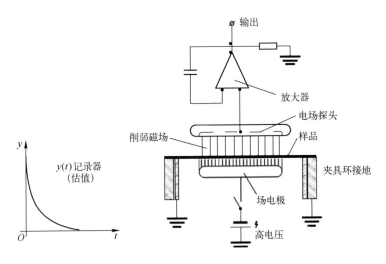

图 3.35 静电感应的测试程序（经 F2 许可）

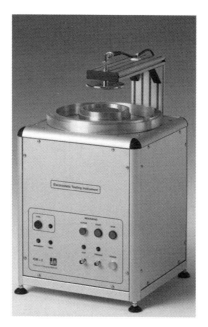

图 3.36　由萨克森纺织研究所（STFI）设计的
ICM-2 前视图（经 F6 许可）

典型的测量值包括精确的放电时间值，如电量半衰期以及带有集成导电纤维成分的纺织品的屏蔽系数。

这些测试可以用于测量有或没有导电纤维（表面和内部导电）的所有类型纺织品（机织物和针织物而非织造物），以及其他平面结构，如纸、导电薄膜、薄片、复合材料等。涂层，如纺织材料上的薄塑料涂层，可以用放电容量来衡量。也可以在非金属水平面上测试导电涂层。如果导电层均匀地散布在材料的表面，也可以进行表面电阻的测量。

此外，该测量原理也适用于具有静电耗散特性的层合纺织品，这在摩擦放电的测试程序中是不可行的。

当使用此测量程序时，测试样品应根据欧洲标准 DIN EN 1149-3[9]进行气候适应和预处理。

▴3.10.3　确定放电容量的试验程序

带电平板监控器（图 3.37）在 EN 61340-2-1[10]中进行描述。该监控器用于测定绝缘材料的放电能力，评估产生电离空气的设备。测定元件是一个带电场计的可充电平板电容器。接地平板和高欧姆带电平板在高电压下充电。接地平板上有一个测量口,电场计通过该测量口测量两者之间的电场。

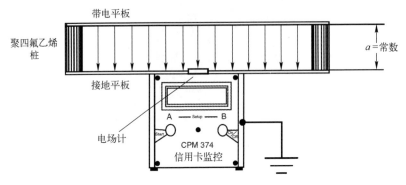

图 3.37 带电平板监测器(经 F7 许可)

由于外部因素影响,如周围空气的电离(在无尘室内电离)或与高欧姆电阻的接触,带电平板会或多或少地迅速放电。

注意:带电平板监控器有可能被不正确地使用,从而导致测量误差和错误解释。下面的例子描述了错误的使用方法(图 3.38)。

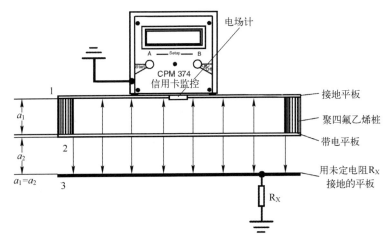

图 3.38 有接地板的带电平板监测器(经 F7 许可)

带电平板 2 相对于接地平板 1 在空间中产生电场,用电场计测量。测量装置将显示场强 E_0。然而,如果将带电平板 2 移动 a_2 的距离到接地平板 3(与带电平板 2 尺寸相同)附近,则电场会被分割,电场计只能显示电场强度

E_0 的一半。减小 a_2 距离，则接地平板 3 与带电平板 2 之间的电场增大，对接地平板 1 的电场随之减小。

结论：3 号板不能用于检测，因为它改变了测量结构。平板电容器的电容增加，而电压降低，因为平板 2 上有恒定电荷。如果加载电荷的平板监测器被放置在绝缘表面上，而绝缘表面放置在导电接地平板（织物）上，将会产生不正确的测量结果。

▲3.10.4 纸张的测试程序

纸张涂装过程（如凹版印刷）产生的静电结果取决于许多因素，包括可能的静电电荷水平和放电特性。这两个因素决定了打印质量、处理速度和进一步的处理能力。这些静电特性无法通过电阻测量来充分描述，基于平板电容器放电的测量程序可用于确定这些特性。

平板（电介质）之间的空间可以填满 5 张折叠的 A4 纸（10 张 A5 纸）。对 10 层纸计算平均值。在必要的气候条件下，封闭的电容器板由高电压源充电。在实际测量过程中，高欧姆电场计测量这段时间内电容器的放电。放电电流流过待测纸张，纸张充当可变电阻器。其中一个电容器板是大地电势。用电场计和电压传感器（图 3.28）在非接地板上测量并记录电压（图 3.39）。

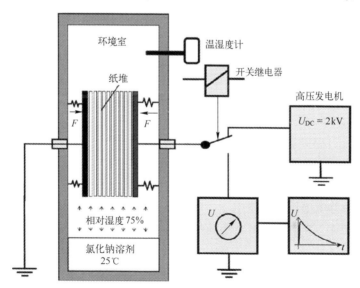

图 3.39 Knopf[6] 定义的纸张测试流程配置（经 F2 许可）

如果纸堆的电阻较低，则电荷流动得快；而电阻较高时电荷流动得较慢。最大电荷量和弛豫时间可以从放电电压推断出来。进一步分析放电曲线，可以得出纸电阻对电压的依赖关系。

为了保证高质量的印刷和涂装效果，有必要评估基材（如纸张）在使用时的静电效应，如静电印刷辅助、色带跟踪和印刷精加工中的木板印刷。

所定义的简单测量过程，可以确定基材是否适合特定的打印作业和打印质量过程。利用经验值可以避免昂贵的纸张涂装和纸张加工试验。

测量前必须使纸张适应空调测量室的环境。分别选择测量温度和空气相对湿度（表3.11，见3.12.4节），使用小风扇保证良好的气流分配。

在测量过程中，电容器板和纸堆被精确可重复的负载（F）压缩。

带电纸张的放电时间是决定是否使用静电印刷辅助、色带跟踪和木板印刷的关键标准（在8.2.10小节中描述）。例如，放电时间短的低欧姆纸只能生产低质量的印刷品，色带跟踪不足。这也会在木板印刷等工艺中导致静电应用问题。

在特定的应用中，必须有特殊的电荷保持性，即高量值的纸质卷材电阻，这可能会受到涂布机的工艺参数的显著影响。

▲3.10.5　粉状散装材料的静电充电

灌装或使用气动力输送系统来输送散状物料，如粉末、颗粒或细粉尘，有比较相似的充电机制（见2.2节）。在技术测量方面，可以在带电产品进入金属容器的过程中和之后进行电荷的测量（图3.40）。产品的电荷完全被静电感应转移到容器上，因为其行为类似于法拉第杯（见3.9.2节）。

测量过程如下。

（1）用开路开关测量电荷极限度。

（2）测量电荷对地衰减（开关A关闭）。

（3）测量通过高电阻的电荷衰减（开关B关闭）。

如果用静电电压表测量电压，随着填充过程中产品体积的增加，可以测得电压的增加。穿过电阻R的电荷耗散（弛豫）时间从开关闭合开始。测量电压降至其启动值（最大值）的一半（半衰期）和/或电压降至其启动值的1%（百分值时间）所需要的时间。弛豫时间（放电时间常数）可以通过放电时间（半衰期时间，百分比值时间）计算。移动的电荷可以用记录电压表确定。确定材料的重量可以得出大量的结论。

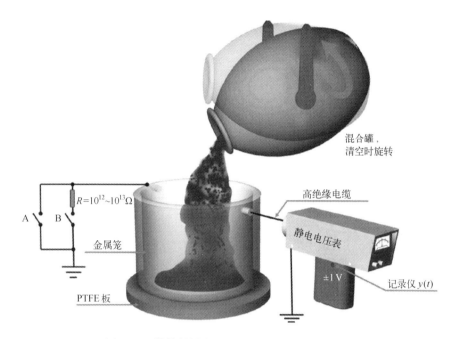

图 3.40 散装材料充电的测量配置（经 F2 许可）

3.10.6 液体静电充电

液体可以通过电流充电（见 2.5 节）。只要液体在导电的封闭系统中运输，静电就不可能造成任何危险。充电造成的危险只会发生在填充和排空时系统的末端（容器、管道）以及在进口和出口，如图 3.41 所示。这个例子描述了非常黏稠的丙烯酸酯流入 200L 储罐的过程。

黏稠、均匀的填充流没有气泡，不会产生静电电荷，在罐体上测量的电压水平低于 100V。然而，一旦丙烯酸酯流脉动或气泡开始积累，静电电荷就会增加，并且在金属罐上观察到数千伏等级的更高电压（见 7.2.5 节）。

由于填充流中总是会出现脉动或气泡，因此在填充前必须对金属容器进行接地。大型容器（储罐和集装箱）需要考虑危险的电荷水平，如 200L 储罐。

注意：这意味着在装填和清空这些容器之前必须先将其接地。

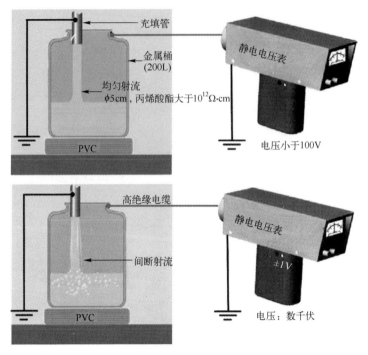

图 3.41 填充水箱的静电充电（经 F2 许可）

▲3.10.7 化工生产中的静电

化学生产过程通常发生在封闭的系统中，不便于静电电荷的直接测量。在生产过程中，常常需要静电存在的证据。

根据气体放电原理（电晕放电，见 4.6.2 节），可以通过在所研究的生产区域（喷淋塔、锅炉等）内引入一个细的接地钉来进行电晕放电，以允许电流流出接地（图 3.42）。在测量电阻上使用静电电压表测量可以得到电压（用电压传感器影响电场计；比较图 3.28）。

当没有电流时，即电阻处的电压接近 0V 时，则容器内不太可能发生充电。为了对容器中的电势进行采样，可以不使用测量电阻器重新测试。需要强调的是，即使生产参数有很微小的变化，也会对静电电荷产生很大的影响。

注意：图 3.42 所示的电场计不适用于爆炸危险区域。

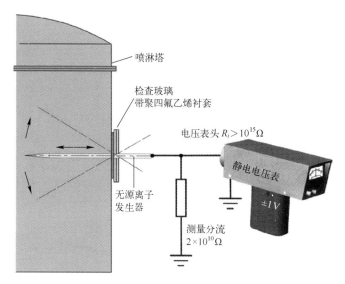

图 3.42 喷淋塔内静电荷测量（经 F2 许可）

3.11 电 容

电容是计算电量和能量所必需的参数。在几何构件简单且介电材料已知的情况下，可以用公式计算电容。电气工程中使用的电容桥对交流电压起作用，电气工程常用各种充放电方法来测量电容。

3.11.1 电容测量（充电方法）

图 3.43 显示了带有发生器、充电电阻、带显示器的仪表和触发器的测量框图。测量对象（电容 C_X）由发生器 G（最大电压值为 U_0 的方波脉冲）通过充电电阻 R_L 间歇性充电。仪表启动，随着脉冲斜率的增加，充电开始。当测量对象的电压达到 $0.63U_0$ 时，触发器终止充电和计量过程。仪表现在可以精确计算与时间常数 τ 相对应的时间周期。时间常数必须除以充电电阻的值，才能得到所需的电容 C_X。时间常数的除法可以很容易地用十进位电阻器计算，因为只需要移动小数点即可。除法计算的结果可以在后续放电期间显示，直到发生器的下一个上升沿（图 3.44）。

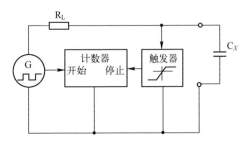

图 3.43 电容计的测量框图

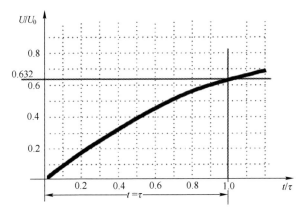

图 3.44 被测对象的电压曲线

▲3.11.2 测量介电常数值

计算电容需要介电材料的介电常数值。电气工程中真空和绝缘材料的数值在相关文献带有"材料数据"的标题下（也可见表 3.9）。

表 3.9 介电常数 ε_r

缩　写	材　料	介电常数
MO	矿物油（变压器）	2.0~2.5
PAPER	纸张（干燥绝缘）	2.0~2.5
PTFE	聚四氟乙烯	2.0~2.1
PE	聚乙烯	2.3~2.4
PP	聚丙烯	2.3~2.5
PS	聚苯乙烯	2.5

续表

缩　写	材　料	介电常数
SR	硅橡胶	2.5~5.0
ABS	丙烯腈-丁二烯-苯乙烯	2.8~2.9
PC	聚碳酸酯	2.8~3.0
PAPER，Oil-soaked	纸，油浸泡	3.0~4.0
UP	聚酯浇铸树脂	3.0~7.0
PMMA	聚甲基丙烯酸甲酯	3.1~4.5
EP	环氧树脂	3.2~4.3
PET	聚对苯二甲酸乙二醇酯	3.2~4.4
CA/CAP/CP	醋酸纤维素	3.4~3.5
Cellulose	纤维素	3.5~5.5
CP	丙酸纤维素	3.5
G	玻璃	3.5~9.0
PA	聚酰胺	3.5~4.5
CAB	醋酸丁酸纤维素箔片	3.8~4.1
PVC	聚氯乙烯	3.8~4.3
POM	聚甲醛（聚缩醛）	4.0
SILK	丝绸	4.0~5.3
WO	羊毛	4.0~6.0
Al_2O_3	氧化铝（菱形）	6.0~9.0
MICA	云母	6.0~8.0
UF	尿素甲醛	6.0~7.0
PVDF	聚偏二氟乙烯	8.0
$CaCO_3$	碳酸钙	8.0
Ta_2O_5	五氧化二钽	26.0
$BaTiO_3$	钛酸钡	1200.0

如果真空的介电常数值（$\varepsilon_r=1$）应用于空气，其误差可以忽略不计。需要对未知介电常数的材料进行测量。在平板测试样品的情况下，通常的做法

是先确定不带介电材料的平板电容器的电容,再将被测对象作为介电材料包含在平板电容器中并测量其电容。通过两个测量值(C_0 为包含空气的电容;C_r 为包含测试样品的电容)的比值得到介电常数值,即

$$\varepsilon_r = \frac{C_r}{C_0} \tag{3.1}$$

▲3.11.3 电荷衰减测量(弛豫时间)

图 3.45 所示的测量结构显示了如何进行电荷衰减和弛豫时间测量。测量过程从安全放电或去除任何可能存在于测试样品上的表面电荷电势开始;然后通过充电电极对测试样品进行精确充电,在法拉第笼中测量弛豫时间。

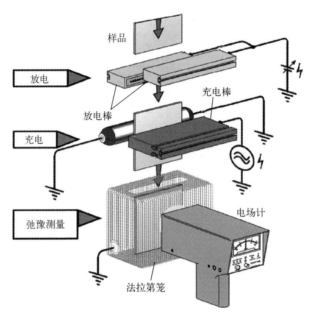

图 3.45　由 Künzig 定义的电荷衰减测量(经 F2 许可)

图 3.46 显示了最新的电荷衰减测量装置。上述原理应用于固定在框架内的样品。直线电机在可重复给定的速度下驱动放电棒和充电棒。该装置采用了压电传感器系统(图 3.21)。压电传感器用来测量电荷衰减,配套软件通过以太网电缆在计算机上可视化电荷衰减。

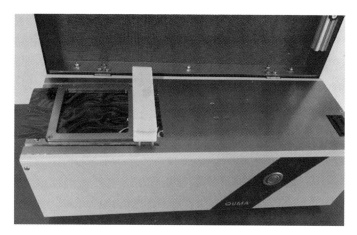

图 3.46　电荷衰减测量装置 QUMAT®-528（经 F16 许可）

3.12　关于空气湿度

每个人都有过这样的经历：静电在冬天很恼人，在夏天却很难被注意到。显然，这就意味着静电试验课最好在冬季进行而不是夏季。原因是夏季空气湿度比冬季高，对几乎所有非金属材料都有直接影响（图 2.9）。在这种情况下，必须认识到空气的湿度不会导致空气本身的任何导电性，但大气的湿度会或多或少地吸附在绝缘材料的表面，从而影响其静电性能。

3.12.1　气候的定义

湿度是空气中的水蒸气量，而水蒸气是水的气态，是看不见的。在任何给定的温度下，空气都能含有一定量的水蒸气。空气越温暖，它能容纳的水蒸气就越多。空气中的最大水蒸气含量称为饱和（稍后讨论）（表 3.10）。

表 3.10　温度和饱和量

温度/℃	0	10	20	30
饱和量/gm^3	4.9	2.3	17.2	30

由于没有考虑重要的气候因素——温度，所以绝对湿度的重要性一般是有限的。因此，气候通常用温度和相对湿度（RH）来表示。后者定义为相同

温度下空气中的水蒸气压力与饱和（最大）水蒸气压力的比值。因此，100% RH 对应于现行温度下空气所能吸收的最大水蒸气量。因此，RH 随温度升高而降低；反之亦然。当达到 100% RH 时，水蒸气会凝结成露、雾或云。

在相同的温度下，封闭空间的空气湿度为什么冬天总是比夏天低呢？如图 3.47 所示。

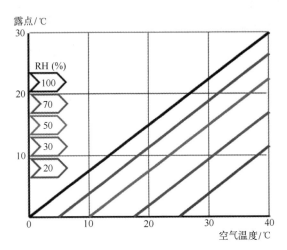

图 3.47　参数为 RH 的空气温度与露点的关系（见彩插）

由于夏季和冬季的新鲜空气来自室外，人们认为室内和室外都有相同的露点。

冬日示例如下。

室外气候：空气 5℃，露点 4℃，即 70% RH。

室内气候（加热房间）：空气 23℃，露点 4℃，即 30% RH。

考虑到空气湿度对物体表面电阻的影响，只有相对湿度有决定意义。

▲3.12.2　基本原理和定义

如图 2.9 所示，一些材料的表面电阻因大气湿度而发生显著变化。这意味着，在实践中，静电电荷会因高湿度而减少（如纸张）。但是，必须考虑到湿度对某些材料（如聚烯烃）的电阻几乎没有影响。对于这些材料，较高的湿度并不会减少电荷量。

在每一份电阻率和静电荷电率的报告中标明气候数据非常重要。因此必须指出，材料表面的湿度必须与环境的大气湿度保持平衡。有时，这种适应可能需要很长时间，如几天。因此，在大多数有关静电性能的标准中，规定了样品储存、测试的气候条件。

然而，当要求测量精度高、结果重现性好时，必须考虑到某些材料表现出滞后效应，即它们在调节后的测试气候中"记得"其早期的湿度状态。

为了更好地理解，下面简要概述当材料适应不同级别的湿度时到底会发生什么。曾放置在较干燥气候条件下的样品表面，在潮湿的气候条件下会吸附水蒸气，能量也会提供给样品。相反，如果潮湿的样品被转移到干燥环境中，会发生去吸附，能量将从样品中提取出来。在这两种情况下，样品在适应了新的气候后都表现出了另一种能量状态，其表面含水量略有不同。

根据国际标准，需要排除材料水分的不同迟滞行为造成的测量误差，样品应首先干燥，然后适应特定的气候。

▲3.12.3 大气湿度测量方法

在炎热的天气里，一杯冰凉的柠檬水表面的水滴就是凝结而成。这是因为冷玻璃表面的温度低于周围空气的露点。大家都知道这种现象，露点湿度计原理正基于此。它包含一个绝对测量传感器，由于其先进的电子系统，因此仪器工作非常精确。其绝对测量原理允许使用它来校准其他湿度计。

1. 露点测湿法

露点测湿法原理是检测冷凝形成的开始（露点）。测量采用了使用珀尔帖致冷金属镜的直接测量传感器，通过由 LED 光源和光电晶体管组成的光敏、冷凝检测光学系统自动保持露点温度。光学传感桥检测在镜子上形成凝露时发生的反射率变化，并向热电冷却器发出比例控制信号，从而得出露点的连续轨迹。镜面温度代表真实露点温度，由嵌入式电子温度计测量（图3.48）。

湿度影响空气和与空气接触材料的许多特性。因为很多事物都受到湿度的影响，因此可以用很多效应来测量湿度。首先，这里要提到化工产品对湿度的吸收。

2. 吸收方法

待测空气通过几根串联连接的毛细管，这些毛细管中充满了氯化钙。在这个系统中，空气中的水分被定量地吸收。空气量是通过气体流量计测量的，而水蒸气的量是通过称重来确定的。这样，就可以直接指定绝对空气湿度。

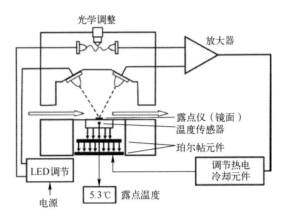

图 3.48　露点湿度测量（经 F8 许可）

3. 毛发湿度计

这种设备利用的是经过洗净的人的头发在湿度降低时收缩，相应地在湿度增加时变长。发丝的一端用弹簧夹住，固定在另一端的复合杠杆上，将伸长的部分转移到指针上。

在显示空气相对湿度百分比的刻度上，95%的值是校准点（下文将详细讨论）。

干燥是头发湿度计的关键，所以当指示不正确时，应该把头发放在潮湿的空气中进行再生。

校准时，只需要一个"带盖的壶"和一些能没过底部的纯净水就可以了。这个容器中的大气将是蒸汽饱和的，即 100%RH。湿度计必须在这种环境下保存数小时（不与水直接接触），然后由于滞后效应必须显示 95%的湿度。如果有必要，必须通过调整螺丝将其设置到该点。当定期校准湿度计时，即使用这个简单的仪器也可以进行可靠的测量。

4. 带有湿球和干球温度计的干湿计

这类湿度计是根据热力学原理工作的。图 3.49 显示了这种蒸发湿度计的原理。

1 和 2 是相同的温度计：温度计 1 保持干燥，温度计 2 内衬一块棉制的潮湿织物 3，浸入装满蒸馏水的小容器 4 中。从温度计球中提取蒸发能量，织物潮湿表面的水被蒸发（去吸附）。空气越干燥，织物中蒸发的水越多，温度计球温度下降越剧烈，因为必须提供去吸附的能量。在此过程中，湿温度计被冷却到与相对空气湿度对应的平衡温度。在测量过程中，保持空气层流以大约2m/s的恒定速度通过温度计是很重要的。为此，使用了风扇6和空气挡板5。有了干式温度计的温度和干式、湿式温度计之间的温差（干湿温差），可以从温湿图中读取数据来评估空气湿度。

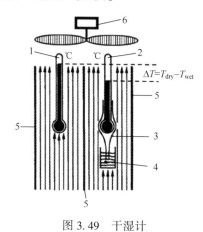

图3.49　干湿计

研究人员在探索性试验中使用的这类系统包含一种旋转悬挂式的干湿计，它使干、湿温度计在待测量的空气中旋转。

5. 氯化锂湿度计

氯化锂湿度计的工作原理是基于无论当前温度如何，饱和氯化锂溶液表面的 RH 始终保持在 10%。考虑到盐/水溶液的电导率高而干燥的盐电导率低，可以建立一种测定空气湿度的电学方法。图3.50显示了氯化锂湿度检测仪的原理。用氯化锂/水溶液浸渍的玻璃纤维织物2包裹在一个小玻璃管1上。

该湿度计有两条独立的螺旋线3形成接触点，通过交流电对纤维织物进行电加热。加热速率取决于溶液的电导率，因此也取决于溶液的含水量。如果水蒸发到结晶温度，电流就停止了。当温度再次降到过渡点（盐/溶液）以下时，周围空气的湿度被吸收，加热再次开始。很快，绝对湿度和电极加热之间就达到了平衡。用内部温度计4测量温度，即可确定湿度。温度越高，湿度越高；反之亦然。温度和湿度之间的关系可以从图表中得到。需要控制的大气温度应在-30~100℃范围内。

由于这一原理工作可靠、精确，大多数时候它被用于控制空调系统。

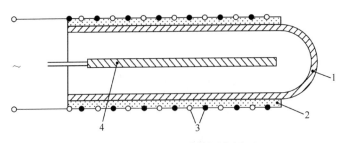

图 3.50　氯化锂湿度检测仪原理

6. 电容式湿度计

水分的吸收或多或少会引起介电系数的上升，具体取决于材料。这一事实主要用于确定物质的湿度，如在干燥过程中可以用于测量相对空气湿度。该传感器由夹在两个多孔电极之间的聚合物箔片组成，形成了具有介质的电容器。聚合物箔片所吸收的水量及其介电性能，随环境的相对湿度而变化。这样，相对湿度构成了对电容的影响。

由于这种电容器的高表面/质量比，在几秒钟内就可以检测到空气湿度在 10%~90% 之间的变化。

7. 电阻湿度计

随着半导体技术的进步，以陶瓷为基础的电阻湿度计得到了广泛的应用。探测器本身由高度多孔的陶瓷组成，其中沉积了水分子。周围空气的相对湿度来自于调节电阻。结合使用陶瓷传感器元件和陶瓷加热器，可以很容易地实现自动清洗。因此，这些电阻式湿度计特别适用于污染环境的测量。

3.12.4　湿度计的监测和校准

经验表明，湿度计有时会出现严重的读数错误。因此，它们应该在确定的气候条件下定期校准。

人们不能依赖空调柜，因为最终它们只能由这里提到的一种测量设备控制。推荐用于毛发湿度计的"95%方法"不适用于其他湿度计，因为它们需要校正非线性畸变。最好的校准方法是将探测器放置在一个小的密封室中，并选定空气湿度。这种选定的气候可以通过向绝对干燥的空气中注入精确数量的水蒸气来建立。

还必须指出的是，在饱和盐溶液表面以上的封闭空间中，空气湿度在给定的温度下占主导地位。表 3.11 列出了不同温度下相对空气湿度在 10%～97%范围内的饱和盐溶液。

(**注意**：有些盐溶液具有腐蚀性和毒性。)

重要的是要保持盐溶液处于饱和状态，即盐的沉积物仍然要在底部。当然，对于溶液的配制，只允许使用去矿物质水。必须考虑到盐在水中的溶解以及湿度在溶液和空气之间的扩散都需要很长时间，所以只有在几个小时后才能进行准确的校准。

空气湿度值刚好高于零可以通过有效脱水物质来实现，如硫酸、五氧化二磷和氯化钙。

表 3.11 湿度校准方案

盐在水中的饱和溶液	温度/℃								
	5	15	20	25	30	35	40	45	50
氯化锂，LiCl	10	13	11	12	12	12	11	11	11
醋酸钾，CH_3COOK	—	21	22	22	22	21	20	—	—
氯化镁，$MgCl_2 \cdot 6H_2O$	34	34	33	33	33	32	32	31	30
碳酸钾，K_2CO_3	—	44	44	43	43	43	42	—	—
硝酸镁，$Mg(NO_3)_2 \cdot 6H_2O$	—	56	55	53	52	50	49	46	—
溴化钠，NaBr	64	—	—	58	—	—	—	—	—
硝酸铵，NH_4NO_3	—	69	65	62	59	55	53	47	42
亚硝酸钠，$NaNO_2$	—	—	65	65	63	62	62	59	59
氯化钠，NaCl	76	76	76	75	75	75	75	75	75
硫酸铵，$(NH_4)_2SO_4$	—	81	81	80	80	80	79	79	78
氯化钾，KCl	88	87	86	84	85	84	82	81	80
硝酸钾，KNO_3	—	94	93	92	91	89	88	85	82
硫酸钾，K_2SO_4	—	97	97	97	96	96	96	96	96

PPT 幻灯片演示

通过试验可视化的静电学原理：

💻 气体排放

💻 测景方法

图片出处说明

（F1）W. Warmbier GmbH &Co. KG, Hilzingen, Germany, www.warmbier.com

（F2）Eltex Elektrostatik GmbH, Weil am Rhein, Germany, www.eltex.com

（F3）KASUGA DENKI, INC., 2-4, Shin-Kawasaki, Kanagawa, Japan, www.ekasuga.co.jp

（F4）Monroe Electronics, Inc., Lyndonville, NY 14098, USA, www.monroeelectronics.com

（F5）Trek Inc., Lockport, NY 14094, USA, www.trekinc.com

（F6）Sächsisches Textilforschungsinstitut e.V. (STFI), Chemnitz, Germany, www.stfi.de

（F7）Kleinwächter GmbH, Hausen i.W., Germany, www.kleinwaechtergmbh.de

（F8）PRÜMM Feuchtemesstechnik, Dr.-Ing. Bernhard Prümm, Viersen, Germany, www.pruemmfeuchte.de

（F16）QUMA Elektronik & Analytik GmbH, 42389 Wuppertal, Germany, www.quma.com

参 考 文 献

[1] IEC/TS 60079-32-2: 4.5. *Leakage Resistances*.

[2] IEC/TS 61340-4-5 (03-2005). Standard Test Methods for Specific Applications-Methods for Characterizing the Electrostatic Protection of Footwear and Flooring in Combination with a Person.

[3] IEC/TS 60079-32-1. Explosive Atmospheres, Part 32-1: Electrostatic Hazards, Guidance.

[4] CENELEC CLC/TR 50404. (2003) Electrostatics-Code of Practice for the Avoidance of Hazards Due to Static Electricity.

[5] IEC/TS 61340-2-3. Electrostatics-Part 2-3: Methods of Test for Determining the Resistance and Resistivity of Solid Planar Materials Used to Avoid Electrostatic Charge Accumulation.

[6] IEC 61340-5-1: 2007. Electrostatics-Part 5-1: Protection of Electronic Devices from Electrostatic Phenomena; General Requirements.

［7］ Lüttgens, S. et al (2015) Electrostatic charge measurements of droplets of various liquids falling over a large distance. *Chem. Eng. Technol.*, 38, 1–9.

［8］ EN German version EN 1149 – 1: 2006. 1149 1 + 2 Protective Clothing – Electrostatic Properties-Part 1: Test Method for Measurement of Surface Resistivity.

［9］ EN 1149-3: 2004 – 07. Protective Clothing-Electrostatic Properties-Part 3: Test Methods for Measurement of Charge Decay.

［10］ IEC 612340-2-1: 2015. Electrostatics-Part 2-12: Measurement Methods-Ability of Materials and Products to Dissipate Static Electric Charge.

第4章 气体放电

每一次静电放电都标志着电荷以各种方式积累情况的结束。它有时是电荷通过传导材料扩散到大地，有时可能是一个可以看到和听到的更壮观的事件。在其他需要对各种效应进行分类的科学领域，这些可以看见和可以听闻的放电被归类为气体放电。这包括所有的表现形式，从几乎看不见的电晕放电，到各种类型的刷形放电和火花放电，再到所有事件中最壮观的闪电。本章不讨论闪电，只讨论技术领域的气体放电，目的是分析气体放电和电场之间的相互关系。对该学科的数学和物理细节感兴趣的读者可以参考相关文献。

4.1 气体放电机理

大气中不可避免地总会有自由电子（负电荷），如宇宙射线产生的电子。在电场中，这些电子朝与电场相反的方向漂移，其速度取决于场的强度，并受到它们与空气中气体分子弹性碰撞频率的限制。随着场强的增加，电子获得速度，达到一个临界值时，碰撞变为非弹性。在这一阶段，受到电子碰撞的气体分子释放出其他电子，成为带正电荷的离子。这种效应称为电离，会导致载流子（电子和正离子）雪崩，它们根据极性随着电场或逆着电场移动。电荷的运动构成了电流，其大小取决于电荷的数量及其运动速度。这个过程被称为气体放电。在均匀电场中，气体放电沿着电场的整个长度延伸，当电场强度达到引起周围气体（通常是空气）电击穿所需的强度时，就开始放电。在大气条件下，这是在 3MV/m 的均匀电场中实现的。在不均匀场中，当场强最强的部分足以引起雪崩效应时，气体放电首先发生。由于电场强度与电场浓度是同义的，所以在电场中小半径导体的表面最容易产生高场强。

靠近尖电极处的电击穿表现为微弱的辉光。当电极半径为 0.5mm、电压为 4kV 时可能发生这种情况。

气体放电是指电流流经电路的气态部分的整个过程。如今，它是辉光放电灯的常见术语。当辉光放电灯中的连续电流由电路中的相关装置精确控制时，在静电区气体放电的情况下，必须处理不同的自发过程。因此，有必要进一步介绍能够划为术语的不同类型的放电现象，并在以下各节中进行解释。

4.2 静电气体放电

与电力工程的根本区别是，在静电学中，除了闪电外，只能使用小能量源。由此可见，转换能量相对较低，几乎没有留下任何痕迹。

在我们周围的大气中，离子总是存在的，它们是带正电荷或负电荷的气体分子，带有或多或少的电子，以平衡其核内电荷。要产生离子，电离能是必需的，以克服电子和原子核之间的束缚力。所需要的能量可以是由电离辐射产生的，如紫外线、X 射线和宇宙射线，也可以由热电离（火焰）或碰撞电离（动能）产生。只有后者才是这里考虑静电放电现象的重要因素。

在下面的例子中，两个不同尺寸的电极连接到一个电压缓慢上升的直流电源。在由此产生的不均匀电场中，离子按其电荷符号向相反电荷极性的电极加速。因此，就产生了通过气体的电流。如前所述，由于具有足够动能的离子与中性空气分子碰撞，会产生更多的离子，从而导致电流迅速增加，即雪崩效应。

离子撞击导电电极表面释放二次电子，从而增加更多的自由载流子的数量。

在电离过程中，电子从原子中分离出来，使原子处于受激状态，这意味着现在它们处于比原来更高的能量水平（图 4.1）。

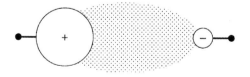

图 4.1 球电极间气体放电

处于这种状态的原子不稳定，放松到其原始状态是通过发射光子的波长来实现的，光子的波长由放电气体的性质决定。在空气中，根据氮气和氧气的线光谱，发出的光通常是紫色和红色的，眼睛在适应黑暗条件后可以看到。

由于任何一种电离过程都表现出类似雪崩的行为，因此电流增长开始出现取决于电荷水平。根据电动力学规律，电流流动都伴随着磁场，即使对于电极之间的扩散离子电流也是如此。产生的磁力线呈同心圆，方向与电流有关（图4.2）。

图4.2 气体放电时的局部等离子体效应

每一个电流都被磁场包围着，对于火花放电，磁场对放电通道的尺寸有收缩作用。这可以通过一个简单的试验来证明，当强电流通过一个薄壁铜管几毫秒后，铜管就会在磁场的影响下突然坍缩。

同样的情况也适用于从较小的球体——其场强较高——开始的扩散离子电流，这个过程类似于电离。电离后的气体分子被约束在一个狭窄的通道内部，形成"等离子体"，即物质的第四种状态。与气体不同，等离子体是导电的。

图4.3中的照片显示了在5s的曝光时间内一个接一个的大量放电（左侧：大球体直径250mm；右侧：小球体直径10mm）。

图4.3 局部等离子体气体放电的照片（见彩插）

如果磁场足够强,气体离子被压缩成高温等离子体的窄通道(收缩效应),同时发射出尖锐的爆破音。由磁场压缩引起的气体升温是可燃混合物气体放电点火的最终原因。

第一个局部等离子体形成不久后有能量消耗,如果静电充电源只表现出很小的能量(μJ),则能量将完全耗尽,放电过程将中断。只要有进一步的充电,整个过程就会像锯齿波周期一样重复。

而当静电充电源的能量较大时(mJ),出现图4.4所示的情况。气体放电在两个电极间的整个距离上被封闭的磁场压缩成等离子体。除了气体的加热和由此产生的高点火电位外,由于等离子体非常低的电阻,电极之间会发生短路。例如,如果能量来源于一个带电的电容器,电场就会随着短路效应而崩塌,电流值就会趋于零。由于电流被撤除,以此为基础的封闭磁场也会瓦解。

但是电场和磁场的固有能量会怎样呢?它们会像原子在受激状态下的能量一样释放出来;然而,作为电磁辐射,其频率要低得多,在 kHz~GHz 之间(图4.4)。这一关系是由 Hertz[1]发现的,他是第一个成功利用火花间隙发射器所发射的电磁辐射进行信号传输的人。

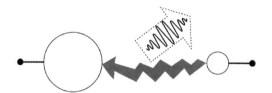

图4.4 电场和磁场的崩塌产生无线电信号

发生收缩效应的气体放电表现为:
(1)等离子体高温引起的光发射(受激态原子的光发射);
(2)高频发射,频率范围为 kHz~GHz;
(3)噪声("嘶嘶"声和"劈啪"声)。

"1"和"3"是可以直接感知的。高频发射信号"2"将被调幅无线电接收机当作爆破音收听到。通过天线和示波器,它们也可以被记录为信号。

一旦气体放电形成等离子体,它们就表现为发光效应(受激气体分子的光发射)和噪声(高等离子体温度引起的空气压缩和膨胀),这两种效应都可以被人的感官在附近区域感知到。

然而，气体放电中电场和磁场的坍缩会发射出 kHz～MHz 范围的高频无线电信号。这些高频无线电波甚至可以通过相关的接收器（调幅电台）在很远的距离上进行验证。

不过，用这种方法来量化气体放电中高频信号释放的能量是不可能的。因此，不可能将该能量与可燃气体混合物的最小点火能量相比较。虽然如此，不出现高频信号表明在监测区域内没有静电点火危险。

用无线电接收器跟踪静电放电的另一种方法是将环形天线连接到示波器的输入端。即使在接地金属容器内，如搅拌反应器或屏蔽所有高频信号的容器，这种方法也可以跟踪静电放电。

例如，为了检测两相溶液搅拌过程中金属搅拌反应器中的静电放电，在液位上方的容器周围安装一个环形天线，并通过转换法兰或开口与示波器连接。为此，开发了两种环形天线（1 和 2）：

接地发射器，环形天线 1 的直径约 700mm，包含 75Ω 同轴电缆，同轴的 75Ω 终端电阻连接到示波器的 1MΩ 输入端，或者用更好的办法，不带任何终端电阻直接连接到示波器的 50Ω 输入端（图 4.5）。

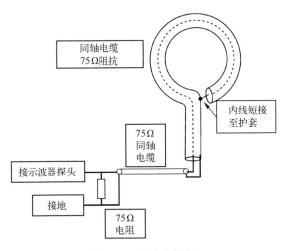

图 4.5　接地发射器

240Ω 环路偶极子，环形天线 2 的直径约 1000mm，通过 4:1 高频换衡器耦合带有 50Ω 同轴端接电阻的 50Ω 同轴电缆，连接到示波器的 1MΩ 输入端，或者用更好的办法，不带任何终端电阻直接连接到示波器的 50Ω 输入端（图 4.6）。

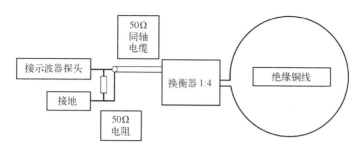

图 4.6 环路偶极子

在高频技术中,换衡器(平衡-不平衡转换器)是指将对称线路系统转换为非对称线路系统的元件。

环形天线 1 非常灵敏,甚至可以定性地检测到其他方法无法检测到的非常小的放电。环形天线 2 是文献中广泛讨论的用于静电放电半定量检测的标准天线。环形天线 2 不像环形天线 1 那样灵敏,但对于标准用途来说足够灵敏,并产生一个清晰的信号,其强度与环路内放电的位置无关。通过与同一容器中已知能量的激发放电进行比较,可以半定量地确定放电能量。

4.3 气体放电类型

气体放电可分为 3 种主要类型:
(1)双电极放电,用于火花放电;
(2)单电极放电,分为电晕放电、刷形放电、锥形放电和传播刷形放电;
(3)无电极放电,用于双电荷层传播刷形放电。

4.3.1 火花放电

以球电极为例,球状电极之间发生的放电的场强达到现行气体的击穿值,即大气条件下的空气达到 3MV/m。火花放电的特点是等离子体通道沿电极之间的整个距离延伸。

平行平面金属电极之间的放电通常从电荷密度最大的电极边缘处开始,通过将电极边缘弯曲成曲线形状(罗戈夫斯基剖面),可以使电极之间的电场更加均匀,从而避免边缘处过早放电(图 4.7)。

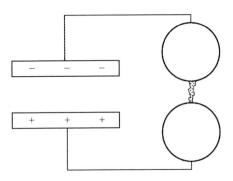

图 4.7 电容火花放电示意图

与其他放电不同，火花放电的能量可以通过充电电容器的电压和电容来计算。

只有一小部分储存在火花电路中的能量用于点火。可以预料，能量损失主要发生在电路中，而热量损失则发生在电极上。受后者影响，当火花间隙小于"阻塞距离"时，点火是不可能发生的。

例如，火花放电可能发生在充液过程中带电的隔离金属桶和附近的接地导体之间。桶就像一个带电的电容器。由于人体是导电的，当与大地隔离时，人体也表现得像电容器一样，能够进行火花放电。

▲ 4.3.2 单电极放电

当一个接地的电极被放置在电场中，如电场来自带电的隔离材料或带电粒子云时，就会发生这种情况。与电容器相比，对于单电极放电，不可能直接确定释放的能量。

考虑任意系统的库仑力和电荷，可得：

（1）克服相反电荷之间的库仑引力可以产生更高的电势；

（2）克服同种电荷之间的库仑斥力可以产生更高的电荷密度。

由于上述的每一个过程都引起了电能的增加，在任何产生的气体放电中转移的能量也增加了。

1. 电晕放电

当针电极（半径不大于 1mm）向带电绝缘子移动时，针尖处的场强达到空气击穿值，就会产生电晕放电。这种放电仅在眼睛适应黑暗环境时可见，呈点状微弱的蓝紫色辉光。

电晕的发生是由通过针和地之间的微安表的小电流表现的。只要针尖处的电场（由绝缘子上的电荷引起）保持在空气的击穿值，这个电流就会继续流动（图 4.8）。

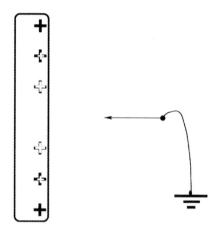

图 4.8 电晕放电原理

击穿区域靠近放电针，不向绝缘子延伸，因为电场强度在该方向上迅速下降。电晕产生的载流子（电子、离子）在电场的影响下移动，根据其极性向绝缘体或放电针移动。这样，临近绝缘子的空气就具有暂时的导电性，到达绝缘子的正电荷中和了相应数量的负电荷。

类似地，当一个接地的针尖位于带有静电荷的移动塑料箔表面附近时，就会产生持续的电晕电流。任何电场终止于针尖的电荷都会被来自电晕放电的相等且相反的电荷中和。许多电力过程是可逆的，如电动机↔发电机。这同样适用于电晕放电。

在图 4.8 中，针尖处的电场导致了针尖上的高电位，在临界值时导致电晕放电。相反，如果在没有电场的情况下，对针施加高电势也会引起电晕放电。

无论物体上的电荷极性或针上的电位如何，都会发生电晕放电。为了说明针尖在启动电晕放电中的有效性，本书给出了不同曲率针尖上所需的电势的一些值（表 4.1）。

表 4.1 不同曲率针尖上启动电晕放电所需电势值

曲率半径/mm	0.1	0.5	1
电晕起始电位/kV	2	4	6

由电晕效应产生的离子从针尖迅速远离,根据黏性阻力,还携带中性空气分子,通常被称为"离子风"。

应该指出的是,负极性针产生电晕放电的电势比正极性针产生电晕放电的电势要低得多。电晕放电根据产生电晕放电的方法分类如下:

(1) 有源电晕,针尖连接到一个高电压源;
(2) 无源电晕,针尖连接到地面并暴露在电场中。

2. 刷形放电

与电晕放电几乎完全相似的表现形式也被用于刷形放电,唯一的区别是,针尖被球形电极取代。当电极相对于带电物体的位置与针尖相同时,内置的微安表不会记录电流,这表明没有气体放电。然而,当球体接近带电物体时(图4.9),在最接近物体的球体区域可以看到刷形放电。这看起来就像一个短的火花通道,从球体开始,呈扇形扩散成微弱的发光细丝,而后消失在电极和带电物体之间的间隙中。

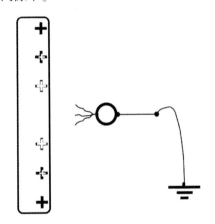

图4.9 刷形放电原理

与持续电晕放电不同,单独发生的刷形放电可以作为高频无线电信号被检测到,也可以通过"爆破音"被人们听到。由于放电的结果,球体附近物体上的一些电荷被中和了。

当将一个接地的球形电极靠近带电的移动塑料箔表面时,根据箔片的速度,一系列离散的刷形放电会间隔发生。当球体上的电场强度达到空气的击穿值时,放电就开始了。此时,塑料箔与球体之间的距离比电晕放电时的距离要小得多。这意味着与电晕放电相比,间隙中的电场强度和空间分布更大,这反过来会导致更多的电离和更强的电流脉冲。

超级刷形放电：有一种静电放电不属于本章已经描述的单电极放电的范畴。它们通过克服同种电荷之间的排斥库仑力而存在，导致非常密集的刷形放电，可以推断出这是更高的电荷密度引起的（见上文）。它在重力的影响下发生。

以这种方式诱导产生的刷形放电比通常情况下有更多能量，并产生更强的刷状发光通道。这是因为放电能量主要由绝缘子表面的电荷密度决定。

3. 锥形放电

当带电粒子被送入筒仓时，有时可以在粉末堆表面看到锥形放电（也称粉末堆放电）。因为有电荷积累，电场对落在堆上的同种电荷粒子施加排斥力。由于粒子上的重力与斥力作用相反，物料堆上散装物质的电荷密度增加。在该区域的场强达到空气击穿值后，当带电粒子继续落在物料锥体上时，气体放电总是朝着筒仓导电墙和接地墙的方向发生。这伴随着电场的急剧下降，需要一段时间让足够的电荷再次在堆上积累，以启动新一轮的放电[3]。

由于部分放电通道是强发光的，因此已经讨论过的"收缩效应"发生了。锥形放电可以如刷形放电一样作为高频信号被检测到。

图 4.10（a）显示了一幅用安装在筒仓顶部的照相机拍摄的锥形放电照片，当时筒仓装满了颗粒。图 4.10（b）进行了原理示意。

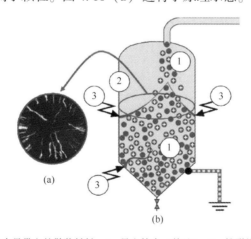

1—大量带电的散装材料；2—导电筒仓（接地）；3—锥形放电。
图 4.10　筒仓的锥形放电（图片源自 G. 吕特根斯和文献 [4]）

锥形放电的机理在某些方面类似于超级刷形放电（有关处理锥形放电时的安全评估，可参阅 IEC/TS 60079-32-1 中第 89 页的图 2 流程图：评估 $1\mathrm{M}\Omega\cdot\mathrm{m}<\rho\leqslant10\mathrm{G}\Omega\cdot\mathrm{m}$ 的散装材料）[5]。

4. 传播刷形放电

与前面所描述的气体放电类型相比，传播刷形放电（利希滕贝格放电）构成了除闪电外最强大的静电放电类型。由于传播刷形放电电路的感抗（电感）与火花放电电路相比非常低，因此传播刷形放电的电流上升时间相应地快得多，从而产生非常尖锐的脉冲。这种脉冲产生的电磁辐射的影响可以对附近的任何电子设备产生破坏性电势和危险的电荷量水平。

传播刷形放电的前提是电荷密度始终高于可能的阈值，在大气条件下为 $26\mu\mathrm{C/m}^2$。该值对应于带电表面的电场强度为 $3\mathrm{MV/m}$，此条件下气体开始自发放电。

传播刷形放电所需电荷密度的先决条件是什么？这个过程是如何发生的？下面就来一一解答。图 4.11 所示为一个绝缘箔片，它在两侧通过极性相反的电晕充电。

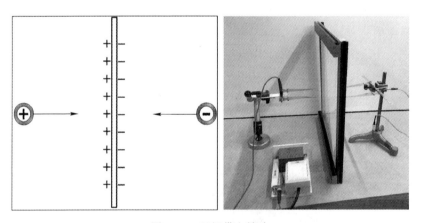

图 4.11 双极带电箔片

从带电的两侧发射的电场通过箔片状电介质指向位置相反的一侧。箔片两侧电荷产生的相互结合作用越强，箔片就变得越薄，对外界的场效应相应越低。于是，在不达到空气击穿场强（$3\mathrm{MV/m}$）的情况下，在箔片两侧可以增加电荷积累。最终的电荷量仅受聚合物箔片的介电强度的限制，其范围可以达到 GV/m 量级。

超过该量级箔片就会自发击穿,因此此处的介电强度立即降至大气值3MV/m,约为原值的1/1000。

从击穿处开始,非常强的电场平行于绝缘体表面,在双极带电箔片的两侧引发一系列长长的滑动放电,从而释放大部分表面电荷。放电本身被强磁场压缩成火花状的通道("箍缩效应")。由于传播刷形放电可释放高达10J的能量,因此必须考虑对人员造成严重生理冲击的可能性。

(1)屏蔽系统上的传播刷形放电。传播刷形放电所必需的绝缘材料上的高电荷密度,是不能通过简单的分离或摩擦表面来产生的。

它们只能通过从电晕放电喷溅电荷和某些工业操作产生,如卷起带电的绝缘箔或通过绝缘管气动输送粉末。在后一种情况下,高速输送的小颗粒总是带有大量电荷。图4.12描述了这种典型的充电过程,因为它通常发生在带有绝缘衬垫的输送管弯头处。来自右侧的颗粒击中了装料金属管R的管弯头的绝缘层A。新的小颗粒稳定地撞击同一面积单元,产生了高电荷密度。

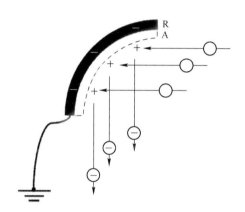

图4.12 撞击粒子充电(被屏蔽)

当绝缘层被放置在接地的导电管弯头上时,绝缘层上表面的电荷密度可能会比前面提到的要高得多。虽然在管道层内部增加的正电荷被电感应自动平衡,但电感应只到达管道的衬里。这样,来自表面电荷的电场主要指向金属管;通过电介质,电荷密度现在仅受电介质击穿强度的限制,而电介质击穿强度通常比空气击穿强度高100~1000倍。

由此不难理解,在管弯头内,受颗粒撞击影响的部位,电荷密度增加。

当以这种方式增加的电场强度超过衬垫的击穿强度时，开始了传播刷形放电的过程。

（2）非屏蔽系统上的传播刷形放电。多年来，人们一直认为，只有当绝缘箔片被放置在一个导电且接地的支撑物上，从而被屏蔽，才能在绝缘箔上达到传播刷形放电所必需的电荷密度。在气力输送系统中，未加屏蔽的塑料装置发生爆炸事件，使得人们怀疑，传播刷形放电可能不仅出现在后侧屏蔽系统上。图 4.13 描述了这种情况。

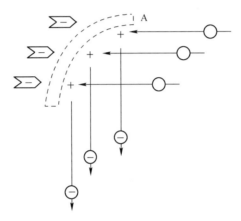

图 4.13　撞击粒子充电（非屏蔽）

与图 4.12 所示的唯一区别是缺少了金属管 R；涂层内衬 A 是自支撑的。因此，平衡的负极性感应电荷不能提供给外界。但现在，从带正电内侧发射的电场，通过介电材料 A 对周围区域产生影响。带负电荷的离子沿着电场向正电荷移动。但是，如图 4.12 所示，它们只能到达 A 的外侧。这里延迟一定时间后，也产生了双极电荷层，导致了传播刷形放电发生的可能性。

（3）带电箔片卷绕时的传播刷形放电。箔片可以静电充电，如随滚轴运转。当在缠绕系统上运动时，由于克服了库仑斥力，也会导致电荷密度的缩聚。由于箔片的卷轴是绝缘的，电荷不能通过卷绕轴耗散到大地。因此，表面电荷密度增加，当一个接地导电部件靠近时，将产生超级刷形放电，导致传播刷形放电自动发生。如果接近的物体是人的手，人体会遭受最痛苦的电击甚至有生命危险（图 4.14）。

图 4.14 传播刷形放电（经 F9 许可）（见彩插）

4.4 气体放电的影响

各种气体放电都有其影响，也会留下相应的痕迹。

每个参与事故调查的人都会意识到留下持久痕迹的价值：过热的轴承呈现出"回火色"、过载的电力设备（电缆）看起来"烧焦了"等。类似的痕迹很容易辨认，但那些静电气体放电留下的痕迹呢？在空气中发生的所有气体放电的产物都是臭氧，它是剧毒的，同时也是最强的氧化剂之一，幸运的是，它很容易闻到。在气体放电中发生的电离过程能够将高达 15% 的双原子空气/氧气转移到三原子臭氧中。

除了强度外，很明显，气体放电的时间与臭氧的数量相关。

4.5 气体放电痕迹清单

根据电荷和电势参数，火花放电会在导体（如金属）表面留下熔化的痕迹，和/或在绝缘材料上留下穿孔的痕迹。形状和大小取决于它们转化为热量的能量，因此可能产生的痕迹非常微浅，只有借助放大镜才能看到。

相对于其他气体放电，电晕放电释放能量的速度缓慢，不会留下任何明确的痕迹。然而，除了臭氧外，它们还能产生次级效应，如改善聚合物表面的可润湿性。

带电绝缘体的刷形放电会在表面留下像冰花一样的痕迹，这些痕迹通常不能立即看到。为了看到痕迹，它们必须被"显影"，如通过打印机的炭粉，效果很明显。刷形放电后，空气中被吸引到绝缘体表面的灰尘颗粒，经过一段时间后也会显示出痕迹。

超级刷形放电表面上的作用模式与刷形放电类似，但规模会大得多。

锥形放电不会在产生它的粉末堆上留下痕迹。然而，在筒仓壁上终止放电的地方，用放大镜观察有时会发现细小的侵蚀痕迹。

传播刷形放电会留下树枝状的痕迹，并覆盖绝缘表面上的大面积区域（高达米级）。它们与刷形放电的表现形式相同，而且其能量非常强大，它们的路径有时可以立即被识别为表面熔融塑料的痕迹。在树枝痕迹的开始，经常可以看到一个刺孔或弹坑一样的穿孔。当传播刷形放电是由一个接地电极接近表面引起时，侵蚀痕迹会显现在电极上。

如前所述，静电放电可能会留下一些痕迹，有时很难发现。它们仅提供气体放电的定性证据，因此不一定是得出关于放电的点火行为的可靠结论的手段。证明静电点火只能通过重建事故的条件来实现。许多后续的案例研究就是以这种方式进行的（见第 7 章）。

4.6 避免危险的气体放电

（以下部分与当前的 IEC/TS 60079-32-1+2[5]一致）

静电气体放电可能具有令人印象深刻的外观。然而，由于危险和麻烦往往源自它们，与巴洛克地区相反，如今人们更感兴趣的是避免气体放电而不是引发它们。

任何有兴趣体验气体放电的各个方面并有意启动它们的人，可参阅第 6 章。

下面根据适用的法规和标准，给出了有关如何避免静电放电的基本信息。推荐的方法是不使用任何绝缘材料；根据经验，它们可能引发危险的高量静电电荷。对于静电危害的评估，材料的电阻是决定性的。IEC/TS 60079-32-1[5]提供了根据电阻将物体划分为导电-耗散-绝缘物体的表格。据了解，在（23±2）℃和（25±5）%RH气候条件下符合要求阈值的材料，在其他气候条件下不存在危险静电充电的风险（表 4.2）。

表 4.2　固体材料特性的边界限制和实物分类举例

实物	单　位	导　电	耗　散	绝　缘
材料	体电阻率/Ω·m	<100k	100k~1G	≥1G
附件	表面电阻/Ω	<10k	10k~100G	≥100G
	表面电阻/Ω	<100k	100k~1T	≥1T
衣物	表面电阻/Ω	无法使用	<2.5G	≥2.5G
鞋类	漏电阻/Ω	<100k	100k~100M	≥100M
手套	漏电阻/Ω	<100k	100k~100M	≥100M
地板	漏电阻/Ω	<100k	100k~100M	≥100M
管道	单位长度电阻/(Ω/m)	<1k	1k~1M	≥1M
软管	电阻/装配/Ω	<1k	1k~<1M	≥1M

▲4.6.1　火花放电

火花放电只发生在两个电极之间，如在带电的金属桶及其附近的接地金属部件之间，或带电的人接触接地的门把手。火花放电是静电引起点火最常见的原因，通过简单的措施就可以很容易地避免。

在爆炸危险区域，除了非常小的部件外，所有可以直接充电和/或通过电感应充电的导电或耗散物品都应连接到地面。

与电气设备的保护接地不同，这种静电接地绝无必要是低电阻。由于充电电流较弱，一般对地耗散电阻在 100MΩ 以下就足够了。

人也是导电体，有足够的电容来产生可能引起燃烧的放电。因此，人体应该接地，低于 100MΩ 的接地电阻是一个合理的值。

小型隔离物体的最大允许电容取决于气体、蒸气和粉尘的可燃性，由代表性气体 IIA 组、IIB 组和 IIC 组或粉尘 III 组以及危险区域的分类表示，见表 4.3。

表 4.3　爆炸性环境下设备的最大允许隔离电容

分　类	I组	IIA组	IIB组	IIC组	III组	附加条件
设备防护等级 M	10pF	—	—	—	—	无高量充电过程
设备防护等级 Ga 区域 0	—	3pF	3pF	3pF	—	
设备防护等级 Gb 区域 1	—	10pF	10pF	3pF	—	

续表

分　类	I组	IIA组	IIB组	IIC组	III组	附加条件
设备防护等级 Gc 区域 2	—	如果在正常运行（包括维护和清洁）过程中不太可能发生产生危险电位的充电过程，没有要求			—	无高量充电过程
设备防护等级 Da 区域 20	—	—	—	—	10pF	
设备防护等级 Db 区域 21	—	—	—	—	10pF	
设备防护等级 Dc 区域 22	—	—	—	—	—	

这里提出的极限不是防止引发点燃放电的电容绝对值，只是把它降到一个普遍接受的低水平。

4.6.2　电晕放电

一般而言，对于IIA组和IIB组的可燃环境，电晕放电不认为是易于点燃的（表1.3）。到目前为止，对于爆炸组IIC人们尚无更多的认识。

4.6.3　刷形放电和超级刷形放电

由于这两种放电的原理是相同的，只要带电绝缘表面是放电的原因，那么防止放电的措施是相同的。一般认为，玻璃不易储存危险量级的静电电荷。

如有必要在危险区域使用可充电绝缘材料，绝缘表面的最大允许尺寸取决于I、IIA、IIB和IIC代表组所表示的气体和蒸气的可燃性。尺寸的确定如下：

（1）对于板材，面积由暴露的（可充电的）面积确定；
（2）对于弯曲或不规则形状的物体，面积是物体的投影给出的最大面积；
（3）对于长而窄的材料，如管道，决定性尺寸是最大宽度。

在危险区域使用的绝缘固体材料不应超过表4.4中给出的最大面积或宽度值，除非可以通过试验证明危险静电电荷是不可能出现的，或任何时候都不会发生充电机制，如天花板上的灯具标识。在这种情况下，"只用湿布清洗并使其自然干燥"就足以避免在清洗时对其静电充电。

根据表4.4，在爆炸性环境中，绝缘材料的最大允许表面积受到限制。然而，在某些案例中，安全水平在当时环境下已经足够，但事故依然发生。这就是为什么在最坏情况下的刷形放电所转移的最大电荷量有时被用来表示它们预期的最大引燃性。因此，如果表面积要求不能满足，可以执行 IEC/TS 60079-32-2；4.11[5]中测量转移电荷的测试。遵照 EPL，表 4.5 给出了对转移电荷的防护等级。

表 4.4　危险区域绝缘固体材料尺寸限制

设备保护等级	I组		IIA组		IIB组		IIC组	
	最大面积/mm²	最大宽度/mm	最大面积/mm²	最大宽度/mm	最大面积/mm²	最大宽度/mm	最大面积/mm²	最大宽度/mm
EPL Ga	10000	30	5000	3	2500	3	400	1
EPL Gb	10000	30	10000	30	10000	30	2000	20
EPL Gc	10000	30	无尺寸限制		无尺寸限制		无尺寸限制	

表 4.5　最大可接受的转移电荷

分组	EPL Ma EPL Mb 采矿	EPL Ga 区域0	EPL Gb 区域1	EPL Gc 区域2	EPL Da 区域20	EPL Db 区域21	EPL Dc 区域22
I	60nC	—	—	—	—	—	—
IIA	—	60nC	60nC	60nC	—	—	—
IIB	—	25nC	25nC	25nC	—	—	—
IIC	—	10nC	10nC	10nC	—	—	—
III	—	—	—	—	200nC	200nC	200nC

在有关服装的案例中，转移电荷的测试可能会产生与其他既定测试方法相冲突的结果。由于这个原因，通常使用 IEC/TS 60079-32-2[5]中的电荷衰减方法对服装进行测试。

这里提出的极限不是防止引发点燃放电的绝对值，只是把它降到一个普遍接受的低水平。

▲ 4.6.4　锥形放电

据报道，易燃气体和蒸气环境以及敏感易燃粉末环境可以被锥形放电点燃。这类放电的必要条件是复杂的，影响其性能的因素有粉末堆的电阻率、充电电流、体积、粉末堆的几何形状和颗粒大小。

在接地导电筒仓中基于大量试验的放电结果已列入 IEC/TS 60079-32-1；A.3.7[5]。

4.6.5 传播刷形放电

在评估导电背衬和自支撑绝缘材料上的绝缘层发生的传播刷形放电时，已科学地证明了在绝缘物厚度大于 8mm 或绝缘物击穿电位小于 4kV（特殊情况下为 6kV，如柔性集装袋）时，不会发生这种放电。

下面列举了两个传播刷形放电的例子，它们与点火危险无关。

1. 液压油逐渐从金属管流出时的怪异情况

在一个使用时间较长的液压油（闪点大于 60°C）灌装设备上，安装了金属过滤器以提高工作质量。但是，从此便出现了这种情况：液压油在加油管垂直端的外侧，蠕动上升 50~100mm。这还不是全部，在液体表面观察到类似火花的现象，大多数伴随着"噼啪"声（图 4.15）。

人们立即产生了这样的怀疑：这可能只是静电感应效应。通过靠近接地的电晕针对上升的液体放电，这一假设得到了证实。这种效应因此减小，产生了高达 2.5μA 的电晕电流。

在一次论坛上，静电专家们就这一现象进行了讨论：液压油在管道孔处究竟发生了什么？

图 4.15 液体表面火花（V4.2）

有人试图对此做出解释，液压油的导电性在 10~30pS/m 之间，因此在流过金属管道时容易产生静电。由于金属滤网网格小，充液过程大大延长，导致在管道末端产生高度负电荷的液体。

由于接地的金属管为接近管壁的液体分子（流速接近零）提供了最接近的反电荷，液体分子被吸引并粘在管口。它们必须为后续挤压过来的液体分子留出空间。随着电引力的作用，这一运动逆着重力方向沿着管道外侧向上进行。由于克服库仑斥力而产生高电荷密度，在薄层液体的表面可能产生传播刷形放电。

最后，通过电晕放电可以防止管道末端液压油的上升。传播刷形放电引起的强无线电信号没有了，只能听到轻轻的"噼啪"声，这非常可能是由强烈的电晕放电引起的。

2. 釉质容器的毛细孔

这里同时证实了容器和搅拌器的釉质中的毛细孔可能是由静电气体放电（火花放电）引起的。

如果绝缘液体中有不与其溶解的可导电组分（如少量的水在甲苯中），当液体被移动时，这种情况就会出现，从而在釉质表面产生高电荷密度。一般来说，这可能会引起传播刷形放电，从而导致毛细孔的出现。除非毛细孔引起了腐蚀损害；否则它们不会引起人们的注意。

在釉质表层下面插入一层导电层（如银层）已被证明可以作为一种解决方法。原理是：当电荷在最初的釉质保护层中产生电场之前就已经消散到了大地上（图4.16）。

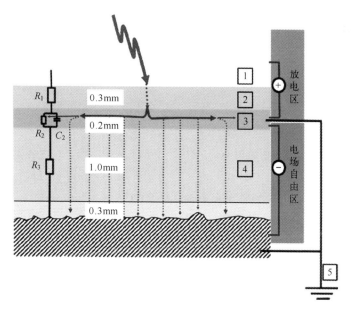

1—静电能量放电过程进入接地的反应堆体；2—通过电容使静电电荷迁移穿过覆盖层而不造成损伤；3—静电电荷在导电玻璃层的大表面上扩散；4—1mm 的覆盖层未被渗透，防止衬里损坏；5—导电层的外部接地消除了任何电位差 $R_1 = 10^9 \sim 10^{10} \Omega$，$R_2 = 1\Omega cm$，$C_2 = 10^{-6} \sim 10^{-5} F$，$R_3 = 10^{10} \sim 10^{11} \Omega$。

图4.16 带有导电层的釉质涂层

（说明：带有 $20m^2$ 玻璃衬里表面的法德尔 BE6300 反应器。）

（电容充/放电时间 $\omega R_2 C_2 = 1$，$f = 10^{-5} s$）（经 F10 许可）

▲4.6.6 不同类型气体放电情况的简化概述

由于任何类型的气体放电对其起因和过程都有特殊的要求，因此可以根据具体情况预测不同类型的气体放电。图4.17为不同气体放电情况。

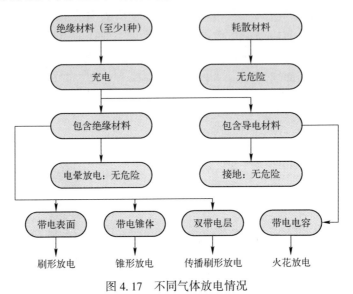

图 4.17　不同气体放电情况

▲4.6.7 评估气体放电引起的点火危险

对于每一种气体放电，可以确定哪些参数对其特定的点火能力起决定性作用（表4.6）。

表 4.6　对气体放电的影响

气体放电类型	影响点火性能的决定性参数
火花	存储能量值
电晕	没有点火危险
刷形	带电物体的曲率半径和极性
锥形	大宗物品体电荷密度
传播刷形	表面电荷密度、绝缘材料厚度

在与安全相关的评估中，能够引用气体放电可燃性的准确数据是非常有益的。决定性参数是由炸药混合物的最小点火能量（MIE）量化的点火灵敏

度。因为它是由存储在电容器内、又转换为火花放电的能量定义的，很明显，它也可以用于静电放电。

因此，将材料的 MIE 与静电放电释放的能量进行比较是合乎逻辑的。虽然在安全性评估中这一标准在世界范围内使用，但还有其他因素必须考虑。能量是衡量做功能力的指标，但能量在时间和空间上的消耗方式至关重要。为了确定材料的真正 MIE，点火火花的持续时间和空间分布必须是最佳的。因此，电极间的电位、电极间的距离、电极的形状和大小以及放电电路的电容、电阻和电感都必须仔细选择。

对于点火过程，能量的密度和持续时间很重要。为了满足这些要求，关系到电能转换的电火花放电参数要精确确定。

通过这种方法建立了大量材料的 MIE 值用于安全调查。但对于 MIE 在单电极放电（非火花放电）情况下的意义仍然存在疑问。因此，引入了从绝缘表面放电的术语"等效能量"，其定义如下。

例如，如果一个放电恰好能够点燃一种 MIE 为 x 焦耳的可爆炸气体/或粉尘/空气混合物，那么这个放电就拥有 x 焦耳的等效能量。

基于这一考虑和大量经验的支持，得出表 4.7 所列的指标。它们代表了目前被普遍接受的易燃材料静电气体放电的点火潜能。关于粉尘的刷形放电点燃性的常见问题，以下是 IEC/TS 60079 32 1；A.3.4 的评论：刷形放电能点燃大多数易燃气体、蒸气和杂系混合物[5]。然而，目前的知识状况表明，只要不涉及易燃气体或蒸气，可燃粉末不能被刷形放电点燃，点燃性不依赖于它们的 MIE。

表 4.7 静电气体放电的点火潜能

放电类型	气体 MIE 0.1~3mJ	粉尘 MIE 3~10mJ	粉尘 MIE<10mJ
火花	可计算	可计算	可计算
电晕	不可以	不可以	不可以
刷形	可以	不可以	不可以
锥形	可以	存有疑问	不太可能
传播刷形	可以	可以	可以

4.6.8 静电触电

静电气体放电是否会对人类生活产生有害的后果，这一疑问反复出现。

由于在这个问题上存在着广泛的不同意见,这里引用 IEC/TS 60079-32-1;12.1[5]的声明如下。

通过人体释放的静电会引起静电触电。一个人能感觉到的最小的放电能量大约是 1mJ。随着能量的增加,可以观察到人体反应的变化。有些人会在 10mJ 时因为肌肉收缩而感到不适,而另一些人则可以接受几百毫焦耳的热量,然后才会经历剧烈的肌肉收缩。然而,1J 对每个人的影响都很严重。在使人失去知觉的事件中,放电能量估计为几焦耳。

由于在大多数情况下静电放电能量低于 100mJ,严重的生理冲击是非常罕见的。无论电击本身是否有害,由电击引起的无意识的肌肉反应都可能导致意外事故、伤害甚至死亡,如仪器掉下或突然跌倒。除了这些危险外,在电击发生之前的静电放电也能将易燃的环境点燃。

PPT 幻灯片演示

静电理论(演示试验)

🖳 气体排放

🖳 流动的液体

"Freddy"厂区静电危害的实例:

🖳 混合物

🖳 软管(粉尘)

图片出处说明

(F9) H. Künzig,工程办公室,莱茵威尔,德国

(F10) Pfaudler Werke GmbH Schwetzingen,德国,www.pfaudler.com

视频出处说明

节流阀视频火花

在液体中的火花

参 考 文 献

[1] Hertz, H. (1888) Die Krafte electrischen schwingungen, behandelt nach der Maxwellschen theorie. Ann. Phys., 36, 1.

[2] Thulin, A. et al. (2016) Electrostatic discharges of droplets of various liquids during splash filling. *Chem. Eng. Technol.* 39 (10), 1972–1975, http://onlinelibrary.wiley.com/doi/10.1002/ceat.201500687 (accessed 31 January 2017).

[3] Blythe, A. R. and Reddish, W. (1979) Charges on powders and bulking effects. Inst. Phys. Conf. Ser., 48, 107–114.

[4] GMBl 2016 S. 256–314 [Nr. 12–17] (vom 26.04.2016), berichtigt: GMBl 2016 S. 623 [Nr. 31] (vom 29.07.2016) Vermeidung von Zündgefahren infolge elektrostatischer Aufladungen (TRGS 727).

[5] IEC/TS 60079-32-1, IEC/TS 60079-32-2 (2016).

第5章 防止静电干扰

5.1 火花飞舞时的静电

"从个人经验来看,很多人都知道,在接吻时被静电电击可能会很痛苦,会分散注意力,但如果化学反应正确,火花飞舞,那就很有趣了。静电学也是如此:它是一个充满张力的领域,也是对创造力的挑战"[1]。

我们所知道的静电学,研究对象包含由快速生产线和密切接触所产生的破坏性静电荷,许多人只是简单地认为静电的破坏性是理所当然的,也不知道怎么处理它。

如前所述,在塑料、纸张、复合材料、颗粒、粉末、液体或被污染的气体介质的加工过程中,静电电荷以许多不同的方式造成生产中断。这些中断可能严重影响质量,甚至可能导致人身伤害和财产损失。

当发生火灾时,静电通常被归咎为所有可能矛盾的原因。这就是静电所要承受的负担。

然而,如果你认真而创造性地研究静电物理学,就会发现这些原理也可以被非常有效地利用。这种发现导致了一个小体量但多功能的产业出现,该产业能够利用这些现象来开发新技术;否则我们如今将不得不在技术上付出相当大的精力。研究静电学所开发出的新技术的应用几乎遍及所有行业。

因此,它们在我们的日常生活中大量存在。应用范围从复印机和激光打印机到汽车工业的涂料工艺。本书将介绍这一广泛领域的一小部分静电应用,并提出运用静电电荷原理(见第8章)的建议。

静电应用分为以下两个方面:

(1) 对带电表面进行放电;

（2）有意识地为表面充电。

在第（1）种情况下，静电的破坏性中断会大大降低生产率，它可以通过吸引灰尘颗粒导致产品质量下降，甚至危害工作场所的安全。在第（2）种情况下，可以通过有意识地进行静电充电来提高生产工艺"[2]。

这两种情况都使用电离电极：移除和施加电荷。

消除破坏性静电荷的电离电极（离子发生器，电晕效应；见4.3.2小节）被称为放电电极，它使用交流电压（图5.1）和双电极直流电压进行工作。"由负电荷和正电荷粒子组成的空间电荷云聚集在放电电极的发射侧，被要消除的破坏性电荷所吸引，从而形成电流流动。在空间电荷云中，发射出的极性相反的带电粒子被吸引（复合）到中和状态"[2]。

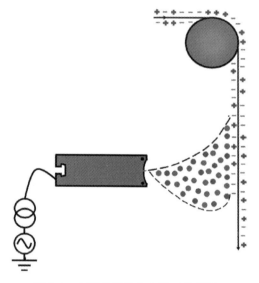

图5.1　电荷发射放电电极（见彩插）

放电电极的有效范围取决于反电荷（吸引力）的数量和时间。

由于复合过程发生在很短的时间内，电晕放电电离的空气通常不能直接沿管道使带电表面放电。可以假定，作用距离超过200mm，放电对快速移动的产品没有显著影响。

然而近年来，已经开发出工作范围高达1000mm的放电电极。这个问题可以通过仔细设置正负高电压尖峰和适当的频率来解决。然而，必须注意的是，离子可以被吸引到接地电位，在电极的有效区域中，接地电位应尽可能少甚至没有。还有使用交流电频率高达 70kHz 的其他种类的电极,其工作范围也相应地较大。

电极的工作原理是基于这样一个事实:当一个物体表面带电且电场强度达到 3000V/mm(在标准条件下)时,电子将开始从这个表面逸出。该场强相当于大约 1.7 亿个电子/mm²。如果在某一点或边缘只多出了一个载流子,就会开始产生碰撞电离,即在与其他粒子碰撞时电子被撞出它们的外层。在黑暗中,环境开始亮起蓝色的光芒,大气被电离,电子受电荷输运的支配,空气变得具有导电性,电流开始流动。

为了有效地利用这一工作原理,电极应该有非常尖锐的点,因此,若曲率半径小于 0.1mm,空气在 4~5kV 电压下电离。

如果这些点受到环境腐蚀(图 5.2),它们的表面积会增加,发射载流子的数量会显著减少,因为相关的高压电源通常保持不变。

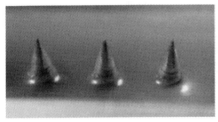 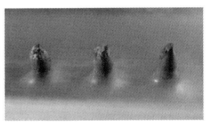

图 5.2 洁净点和锈蚀点(经 F2 许可)

用变压器提供交流电压尖峰,可以遵循正弦和矩形两种曲线。放电棒的效果不会受到影响,因为由于使用电离技术,充电过程中的发射电流始终是梯形的。

广泛讨论的理论表明,在正弦曲线电源电压的情况下,当从正半波切换到负半波时,电荷粒子的放电由于过零而中断。只有在电极不是对着静电场时,这种论断才有效。这意味着电极被接入"空白空间",因此没有直接的放电电流流动。产生的带电粒子云通过复合过程迅速消散。

另一个类似的推理是,当电极以方波电压供电时,正、负电荷粒子持续存在是不准确的,因为通过正、负电荷粒子的直接放电,带电粒子之间不可避免地会发生重新结合,因此只剩下有限的一小部分正、负带电粒子。在这种情况下,重要的影响因素是被放电表面的正、负电荷密度和放电棒到带电材料的距离。只有正、负电荷密度决定了能被吸引的带电粒子的数量。

由空气电离而产生的电流基本上是实现功能性放电的关键因素。

根据工作原理，电离器可以分为有源式设计（如前文所述）和无源式设计。

无源电离器（图5.3和图5.4）由接地的尖端组成，电离空气所需的场强由带电元件或表面在尖端产生。需要注意的是，大量的尖端，如致密的导电刷，由于电场线集中在很多相同的点上，就需要非常高的电场强度，这样空气才能被电离，电流才可以流动。这近似相当于放置在平板对面的一个带电表面（图5.5）。

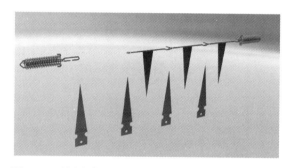

图5.3 无源电离器（接地链/接地舌）（经F2许可）

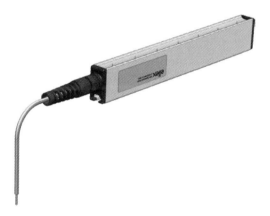

图5.4 电阻耦合无源电离器（经F2许可）

如果只有几个点提供给带电表面，则电场线集中于这些点和电离的空气中，从而导致放电发生得更早。这些点离它们对面的带电表面越近，放电效果越好。总有无法被消除的剩余电荷。如果放电点具有最佳形状并放置在10mm距离处，则受空气击穿强度的影响，剩余电荷会达到至少30000V。

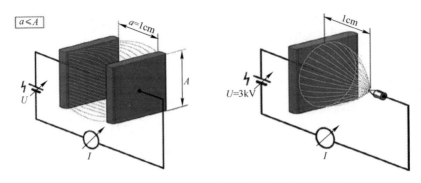

图 5.5 空气电离的电场线密度示意图（经 F2 许可）

5.2 介电强度

只要导电体与地电势绝缘，电荷就保持在导电体上。在绝缘材料上会形成电场。介电强度这一术语是指电场强度，在该场强下发生对邻近接地部件的气体放电。

这一术语一般适用于气体、流体和固体绝缘材料或以绝缘方式排列的材料。这是用于绝缘材料的首选术语。

在带静电的物体中，在微秒范围内，电荷通过击穿放电流出。从带电体到地电位的放电通道长度称为击穿距离，可按照 IEC 标准 60052 定义[4]。

空气或其他气体中的介电强度由接地体（通常是球体）与带电球体的接近程度决定。球面火花间隙本质上取决于以下条件：

(1) 周围的气体或气体混合物；
(2) 气体压力；
(3) 电极材料；
(4) 电极形状。

在标准大气条件下，测出空气的介电强度约为 3MV/m，也被描述为电荷密度极限。电荷密度极限是最大可能的电荷密度 σ，有

$$\sigma = 26 \mu C/m^2 \tag{5.1}$$

这就是为什么介电强度和电荷密度有直接联系的原因。

如果所关心的区域没有相关的接地区域，则每个区域的最大载流子密度仅应用于绝缘材料。

如果接地区域涉及绝缘材料，则通过电感应原理发生电荷耦合。绝缘材料越薄，可以结合的电荷量就越大。如果超过上述因素确定的电荷密度，将发生从绝缘材料到连接地板的传播刷形放电，放电会用掉大部分的电荷而将绝缘材料烧出孔洞，类似于危险的反电荷效应（见4.3.2节和6.12.7节）。

基于这些结论，为避免静电电荷引起的着火危险，确定了介质击穿电压的限制值，以防止发生传播刷形放电。

在 IIA 和 IIB 爆炸分组中，允许使用不大于 2.0mm 的绝缘涂层。

在 IIC 爆炸分组中，绝缘涂层被限制在不大于 0.2mm。

然而，绝缘物品的表面也受到不同爆炸区域的限制（见表 5.1 和 IEC/TS 60079-32-1，第 6.8.2 节）。

表 5.1 危险区域绝缘固体材料尺寸限制[5]

区 域	爆炸分组表面/cm²		
	IIA	IIB	IIC
0	50	25	4
1	100	100	20
2	只有在发现放电引起点火时才需要采取措施		

5.3 带电表面放电

静电荷在移动卷材和与移动卷材接触工作的人员身上表现得最为明显。

当在注塑成型过程中取出塑料部件时，以及当非导电产品经常从金属或塑料模具（如巧克力模具）中取出时，极高量的电荷也会发生。

充电表面是电子施主和电子受主之间电子交换的结果（图 5.6）。电子交换发生在 $10^{-9} \sim 10^{-10}$m 这一表层上。在这个范围内没有完全纯净的表面，由于灰尘颗粒、水分子或其他杂质的污染，不可能预测带正电或负电的岛状凸起点上的电荷量。此外，这些点直接挨着另一个带不同符号电荷的点。尖状的、星形的表面可能被赋予正电荷，平坦的区域可能被赋予负电荷。

此外，电荷的极性可以与路易斯酸碱理论联系起来[6]。因此，具有路易斯酸性表面的塑料表面是亲电子的受体，它主要带负电（如聚四氟乙烯）。路易斯碱性表面充当电子对的供体，带正电荷（如聚酰胺）。电荷的符号也依赖于接触条件，即配对材料上接触点的数量：

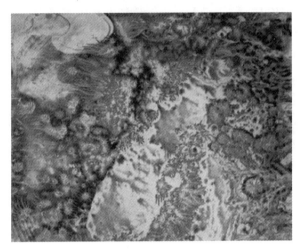

图 5.6　电荷分布可视化——利希滕贝格图（有机玻璃上的石松）（见彩插）

（1）在接触和分离面上有轻微接触，说明接触点较少；
（2）在接触和分离面上有高接触压力，说明有许多接触点；
（3）在接触和分离面上有高接触压力和摩擦，说明有异常高的接触点数量。

图 3.3 中描述的因素对于比表面电阻和接触电阻也有影响。

5.3.1　卷材放电

卷材包括各种各样的材料，如薄膜、铜版纸、印色纸甚至纺织品，这些材料通常在生产过程后被再次卷绕起来。卷轴往往带大量电荷，以至于操作人员在移除卷轴时会受到静电电击，即使在卷轴卷起前仅能检测到几千伏的表面电位。当卷材卷起来时，正、负极性的电势都会增加。产品具有高电阻意味着电荷不能流走，这可能导致表面电荷密度上升到不受欢迎的程度。气体放电的威力非常大，甚至造成严重的身体伤害。在卷轴被移除时不可避免地与手接触会导致传播刷形放电（见 4.3.2 节）通过工人的身体。电击会引发二次事故，甚至使带有心脏起搏器或其他医疗电子设备的工作人员处于危险之中。

卷材，如一种高阻薄膜、一种复合材料或纸张，即使是在使用非驱动滚轮的系统上，也需要导引或稳定等方面的设计。卷材速度 v 与导轮的圆周速

度 ω 之间通常存在速度差，即 $v>\omega$（滑移）。

卷材表面与辊轴表面之间的摩擦产生静电电荷。辊轴越硬，滑移或摩擦越大，电荷水平就越高。但即使只是卷材的内部接触（如由于大的包角）也有大量的接触点，由于接触和分离，这总会引起静电电荷。在卷材上产生电荷的方式如图5.7所示。

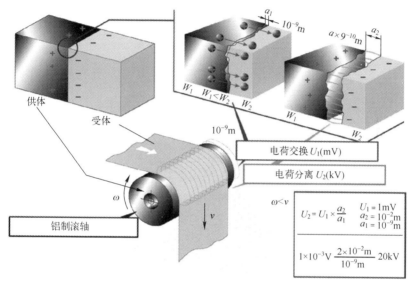

图5.7　接触和分离的摩擦电效应（经F2许可）

为了避免在卷轴处发生危险的传播刷形放电（图5.8），卷材在再次卷绕之前必须先放电。当处理薄膜或双面全印刷纸和其他无孔卷材时，两面都必须放电。

图5.8　重卷过程中传播刷形放电（经F23许可）（见彩插）

当只处理带有部分涂层的纸张和多孔卷材时,由于有限的接触电阻连接到材质的两侧,单侧放电通常就足够了,在相对较短的时间后就会出现电荷平衡。

当不同符号和幅值的电荷在受限空间相遇时,如在薄膜、纸张或复合卷材的卷绕和展开过程中,就会出现放电现象(图 5.9 和图 5.10)。

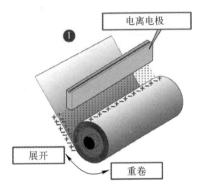

图 5.9　在三角区域薄膜卷筒上的放电电极(经 F2 许可)

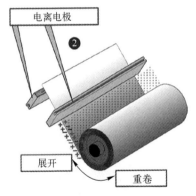

图 5.10　展开/重卷时的最佳放电设置(经 F2 许可)

进行测量时,可以看出不同幅值和符号的电荷分布在材料表面上彼此接近。

在三角区域(间隙),即带有差异化电荷分布的卷材以同样差异化的电荷分布影响卷筒时,不会出现有序的静态场条件。如果观察拉伸的卷材表面和卷轴的切向进/出口(三角区域),可以想象,如果负载符号和电位高度不同,场参数将怎样以振荡矢量方式表现出来。此外,在三角区域中已经发生振荡的电场会被放电棒的交变电场周期性地覆盖。因此，进行卷绕或展开时将放电电极定位在三角形中通常是无效的。按照图 5.11 所示布置放电电极，可以使薄膜卷材处于最佳放电状态。

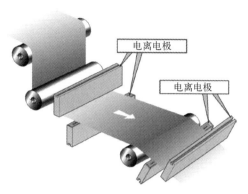

图 5.11　放电棒的最佳布置（经 F2 许可）

几乎所有的制造工业都要求静电放电。因此，以下应用只是作为示例；支配这些应用的原理必须做适当调整，以满足各自的应用需要。

放电电极在机器网络中的位置是极其重要的。图 5.11 是放电电极的最佳位置。行进方向上的第一个放电电极应位于最后一个分离线的后侧。在非多孔材料（如薄膜）的情况下，最好是两边都放电，因为通常不知道哪一边的静电电荷积累最多。

如果薄膜卷材经机器送进，则薄膜的上、下两面都要经过分离点。这样，幅值和符号不同的静电电荷就会出现在薄膜卷材的两侧。这是人们所说的双极性电荷层，它们被薄膜彼此隔开。

用静电场计（见 3.12 节）来测量数值。然而，测量只能确定这些双极层的电位和符号之间的平均值或差异，除非电场按照图 3.18 均匀化，尽管在实践中这种均匀化几乎不可能实现。

图 5.12 说明了单侧放电的不足。如果带电薄膜下方的电势为 -13kV，上方的电势为 $+14\text{kV}$，则电场表上只能显示 $+1\text{kV}$。在哪一边携带电荷不能用测量方法明确地确定。

例如，如果只在薄膜的上方放置一个放电电极，带电的卷材和放电棒之间就会产生一个强静电场，发出 $+1\text{kV}$ 的电压并测量其差值。以这种方式，表面仅能部分放电，如表面电势从 $+14\text{kV}$ 到 $+2\text{kV}$。

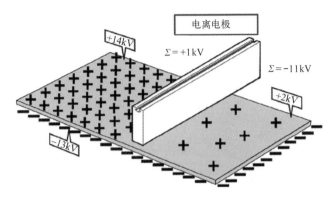

图 5.12 单侧放电——不适宜（经 F2 许可）

如果现在用电场仪测量放电电极的有效性，可以检测出放电棒前的测量值为+1kV，其后为-11kV。

从图 5.13 中可以清楚地看到，将放电电极放置在卷材的两侧，可以实现有效放电。放置时，两个放电电极之间应该有两个放电电极宽度的间隙。

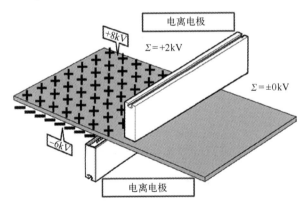

图 5.13 双侧放电——最佳（经 F2 许可）

在快速移动的卷材上，明智的做法是将放电电极的发射侧朝向移动的卷材（图 3.33）。

如果双极电荷层或电荷分布的差异很小，那么在非常高电阻的薄膜中放电就会变得困难。

例如，假设薄膜卷材的顶部和底部之间的电压差只有几百伏，如-15.3kV 和+15.1kV。带电薄膜表面的强电场作用于放电电极的发射是如此之低，以至于在大多数情况下，即使是双面放电也没有效果。

带电薄膜表面的强电场仅作用于薄膜的上、下两侧,即作用在薄膜厚度上。箔片越薄,欧姆值越高,中和就越困难(图 5.14)。

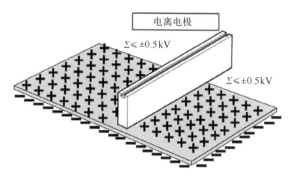

图 5.14　等场强双极层(经 F2 许可)

这些双极电荷层在重新卷起的过程中会导致严重问题。

潜在的火花放电会导致人身伤害和财产损失,甚至产品本身也可能被火花放电严重损坏,如印制电子产品的结构导电表面。

对薄膜的后续处理也有严重的困难,因为这些材料变得难以分离,有源放电电极不再有效,因为薄膜表面不再施加任何可以吸引电极发射离子进行中和的力。

如果发生特殊故障,几乎相等但极性相反的电荷可能发生变化,导致薄膜卷材顶部和底部的电荷差异更大。

这可以通过摩擦电效应(接触和分离)来实现。一种做法是用一根辊轴,以供应电子或放电,或者如果产品允许,使用一个软的接地碳刷来完成;另一种有效的方法是将高压充电棒组合在一起,通过排列成对的放电电极来破坏平衡。

通过采取这些措施,接触侧的电位可以改变,平均值变得远远大于几千伏。因此,有足够的强磁场来有效地使用放电电极(图 5.15)。

导电层越来越多地应用于复合材料中,如作为阻隔层或其他导电层的铝膜。在这种情况下,金属箔或金属化层是位于复合材料的外部还是嵌入在复合材料内部并不重要。

如后续章节所述,在使用有源放电棒时,这些复合材料可能会带来重大问题。有源放电棒发射的电荷被导电层吸收和积累,在达到介电强度之前,它们不能流动。假设金属层暴露在外,整个卷材在导向轴上方接地(图 5.16)。

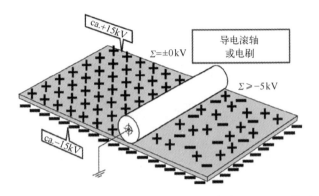

图 5.15　破坏双极性同等强度场强使之允许放电（经 F2 许可）

图 5.16　多层材料例 1

因为导电金属层通常由包围层保持绝缘，放电火花可能发生在材料内部金属层的外露边缘（图 5.17）。

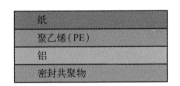

图 5.17　多层材料例 2

由此可以获得高电容。这可以在功能层的损伤中看到，如在柔性电子领域中含有铟锡氧化物（ITO）层的箔片上。

当用溶剂型基材对这类复合材料进行涂层加工时，可能会发生火花放电，导致溶剂蒸气被点燃。如果导电层的一部分（金属碎片）由于复合材料中的缺陷而变为电气绝缘，或者只有部分表面是金属化的，或者有金属颜料层，则存在特别的危险。

如果有足够的电容，电绝缘区域会储存电荷并导致火花放电。在电气术语中，这些金属表面就像一个电容器，通过高能量火花迅速放电。

可以用已知公式计算该能量，很明显，通过对正常工作电压为 5~8kV 的主动放电棒进行充电，金属化区域的电荷可以迅速达到危险水平。因此，当进行金属复合材料加工时，有源放电棒应关闭。

如果金属层（如铝箔）通过机器另一部分的接触充分接地（图 3.20），则静电荷只能通过电场计进行部分测量。电场线被导引到接地的铝箔上。因此，被动电离器（无源放电棒、接地舌或接地刷）只能对卷材进行较小程度的充电，因为当前电场主要指向接地电位，而不是被动电离器。这种情况通常不会造成任何风险，被动电离器没有效果。

为了避免静电引起的点火危险，仍应使用带有电晕尖峰的被动电离器（不要使用碳纤维刷或类似的物品），以对上述特殊情况中描述的潜在爆炸区域实施保护。因此，应该注意，当被动电离器被设置在距卷材 10mm 处时，在小于 3kV 的情况下电晕放电已经开始（见 4.3.2 节）。

只有当通过电阻器解耦尖峰时，才可以简单地关闭有源放电棒。由"-尖峰"和"+尖峰"相邻设置并由级联提供电源的有源直流放电棒不允许无源放电。高电场会破坏级联。

还应注意的是，复合材料的介电强度应小于 4kV，以避免发生高能火花放电或传播刷形放电。

▲5.3.2 片材放电

如果空气在电晕段（气体放电）（见 4.3.2 节）被电离并被输送到静电带电表面，那么放电器的性能可以数倍增加。图 5.18 所示为使用电离鼓风机头达到电荷分离的目的。

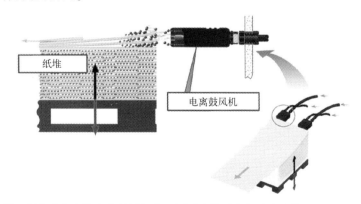

图 5.18 用于提高分离率的电离鼓风机头（图示为德国奥电胜公司的 R55 型）（经 F2 许可）

为确保片状材料能够整齐地堆叠，使用放电电极往往是必不可少的。这同时也防止了静电电荷的大量积累（图5.19）。

图 5.19 板材机械的放电（F2 许可）

例如，如果使用戊烷或类似的泡沫膜，电荷积累会迅速导致整堆货物着火。此外，有源放电简化了堆叠处理或随后的薄片分离。

▲5.3.3 其他物品放电

近年来，人们做出了各种努力来寻找合适的解决方案，以便从更远距离使三维物体和静电带电卷材放电。尤其是，重点已经放在提高放电电极的有效范围上。

现已开发出带有分离正/负尖端、电压高达 50kV 的放电电极，电荷在给定频率下可以跨越 1000mm 间隙，并且安全地到达带电表面。当然，这样的电极可以用于卷材材料（图5.20）。

气吹和放电电极的结合在工业上被成功地用于放电和清洁表面（图5.21）。清洁系统必须解决两个问题：

① 通过静电放电消除表面的附着力；

② 去除黏附颗粒。

在一种将旋转喷嘴与放电电极相结合的方法中，清洁后的空气（不含油和水）通过放电电极的电离部分进入后续的系统。由放电电极产生的极性相反的空间电荷云被气流输送一段较长的距离，以便与旋转喷嘴的研磨部分相连接，使粒子和表面被放电并去除粒子。旋转喷嘴[7]被内置的自动旋转限制器限制在 600r/min。实证研究已经确定，这种速度是最佳的。不受限制的旋转喷嘴的缺点是它们的速度取决于提供的气压"[1]。

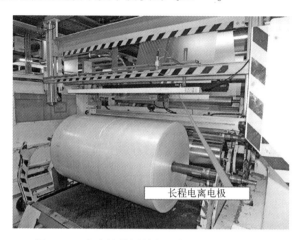

图 5.20　大有效范围放电电极（经 F11 许可）

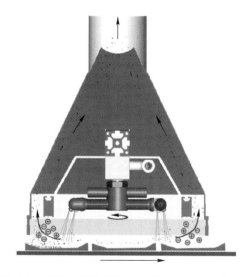

图 5.21　"混合清洁器"工作原理（经 F12 许可）

除了气压外，供气量对清洁也是必不可少的。其他应用可以在图 5.22 和图 5.23 中看到。

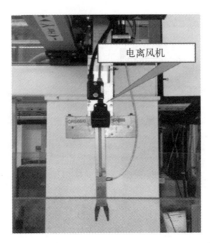

图 5.22 处理系统上的电离风机头（经 F2 许可）

图 5.23 用于危险区域的带放电电极的旋转喷嘴
（防爆认证批准）[4]（经 F2 许可）

静电放电具有重要用途的另一个领域是以最高精度称量物体的重量。容器和/或物质上的静电电荷会严重扭曲精确重量计量的结果。当向容器中填充物质时，必须同时使物质和容器本身放电（图 5.24）。

5.3.4 颗粒及类似微粒的放电

图 5.25 说明了颗粒之间的静电荷形成过程。这种类型的静电电荷形成通常适用于所有其他通过空气运输的材料，如各种灰尘、薄膜片和纸张残留。

图5.24 在一套重量秤上的放电电极（经F13许可）

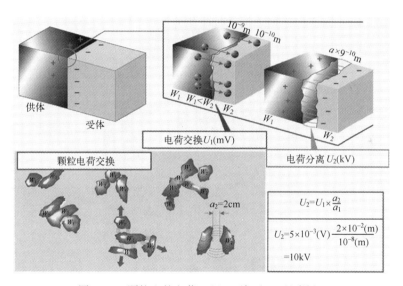

图5.25 颗粒上的电荷（经F2许可）（见彩插）

在运输此类材料时，粉尘爆炸的风险特别高，因为如果粉尘是由可燃材料如木材、面粉、纸屑、咖啡等组成，粉尘与空气的结合具有特别大的爆炸性。

颗粒尺寸是一个关键因素：尺寸越小，发生危险的风险越大。在这种情况下，可以假设在实际中很少存在低比电阻的散装材料，因为金属粉末在大气条件下表面氧化相对较快。

在管道运输过程中产生静电的材料往往会造成相当大的生产问题,特别是当它们被放置在容器中时。

管道电离解决方案的例子是碎纸处理和散装材料的混合设施(图5.26和图5.27)。

图5.26　纸张处理(经F2许可)

图5.27　散体运输(经F2许可)

在散装材料的出口前,通过沿管道周长仔细安置放电电极,就可以进行有效放电。这种方式,可以防止料位传感器被带电粒子覆盖,从而向工厂提供错误的读数。采用图5.26所示的方法沿整个管道长度对散装物料放电是不合适的。

当给料碗和振动式输送机（图 5.28 和图 5.29）运输非常小的部件或片剂和胶囊时，图 5.25 所示的充电机制也是适用的，所以通常需要安全的有源放电。

图 5.28　给料碗上方的放电风机（经 F13 许可）

图 5.29　在给料碗上方放电（经 F2 许可）

现在应当指出一个问题，有源放电工艺不能在封闭的反应容器中使用。

控制空气电离的原理在这些系统中也是适用的，根据该原理，带电表面的电场线集中在尖端或边缘，并允许电流在相应的电场强度下流动。这种放电电流以刷形放电的形式发生，并可能引发灾难性的后果。

5.4　放电电极的潜在危害

简易的有源电晕放电电极在 5~8kV 交流电压下工作；因此，触摸防护和辐射防护是必要的。

触摸防护用于防止二次事故，辐射防护用于防止数据线干扰。通过安装电流限制器来满足这些安全要求。

每一个发射尖端处或电极的整排尖端处的电流，都受到合适的电阻或匹配电容的限制。这称为电阻性或电容性耦合（图5.30）。

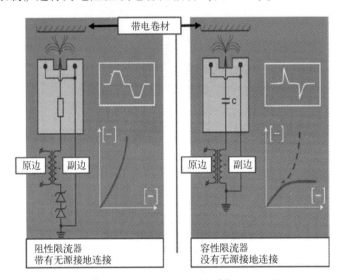

图5.30 带阻容限流器的放电电极[6]（经F2许可）

两种耦合类型都有各自的应用领域；增强型安全版本也经过测试，经批准可用于危险区域。然而，它们在高带电移动卷材（如纸或薄膜卷材）上有显著的不同。

在放电电极具有电阻型限流器的情况下，电阻器在接地电位处提供直流放电[6]。即使在能量断开状态，电极也通过电源进行有效的无源接地。这种类型的放电电极不会达到发射极限，因为卷材上过大的表面电荷密度会被放电。

带有电容性限流器的放电电极从发射端到地面没有电镀连接。这种类型的放电电流 $I \cdot t$（发射电流×时间）只能提供给被充电的单个电容器 $Q = C \cdot U$。容量被清空后，发射电荷只有在下一个半波之后才可用。这意味着在表面电荷量很大的情况下，这种类型的电极放电将达到极限。

带有容性限流器的电极和经常出现的高带电量卷材组合在一起，可以非常迅速地导致点火和机器火灾。

可能产生火花放电的原因是在工作电压过零（5~8kV）时，放电电极的电容被高带电量卷材充电（图5.29），在下一半波（50Hz），超过电流限制的容量C，并且在发射针和接地放电电极外壳或邻近的地电势之间发生周期性（50Hz）火花放电。

在危险环境和预期有高带电卷材的情况下，不建议仅使用电容耦合放电电极。

如果放电电极安装在具有潜在爆炸性的环境中，且大气中存在溶剂型粒子，则必须执行特定的维护任务，主要包括放电电极的清洁，这取决于它们的脏污程度。必须将高电阻污垢和低电阻（导电）污垢区分开来。

例如，在印刷或涂装行业中，红色或黄色的油漆颗粒或树脂颗粒会造成高阻污垢。这些粒子附着在电离针尖和放电电极单元上（图5.31）。

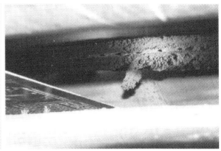

图5.31　脏污的放电电极不再起作用，可能已经失去防爆指令许可（经F2许可）

绝缘和污损放电电极会显著降低效率，甚至使放电失效。当有导电污垢（如黑色和蓝色油漆）或导电材料（如金属油漆）存在时，限流安全电阻被并联短路，限流效应被抵消。如果产生火花，电流就不再受到限制，不能排除点火的可能性。

当未接地的金属表面出现在有源放电电极范围内时，就会出现一种特殊情况。这种金属表面受到放电电极电离区域的影响而带电。

在电学意义上，这种金属表面是一个电容器，可以通过高能火花迅速放电。放电能量可以用公式来计算。

很明显，对于隔离条件下的导电表面，工作电压为8kV的有源放电电极可以使该表面上的电荷迅速达到危险等级，能够引起燃烧的传播刷形放电可能发生在大于$100cm^2$的隔离且高度带电的表面。因此，需要注意的是，在涂装金属层复合材料时，必须关闭有源放电电极的工作电压。

如果放电电极的尖端由一个电容型限流器提供电源（图5.30），当放电电极断电时，这可能仍然是危险的。

如果接地正确并且有电阻型限流器，则断电的有源放电电极可以作为无源放电电极。放电电极的放电是利用供电单元内放电变压器的二次绕组进行的。

当超过放电电极尖端的空气击穿强度（≈3MV/m）时，从 3kV 开始，在距卷材 1cm 处，几乎连续的气体放电（电晕放电）将会开始，这不会导致点火。在该实例中应有一个先决条件，即放电尖端有最高水平的清洁度。

高带电量的小"岛"以高速（$v>10\text{m/s}$）到达电极，这是一个众所周知的特殊情况。在这种情况下，变压器的高压绕组就像一个高电感电阻，可以防止损耗。

作为无源电极的解决方案，可以采用耗散型碳纤维刷或专用的无源放电电极（见图 5.4；德国奥电胜公司的 RG52 型），它们可直接与"大地"连接。像 RG52 和耗散光纤棒这样两种无源电离器都必须始终保持清洁，以避免存在点燃的风险。

然而，在重新卷绕卷材时，缺乏有源放电设备会导致机器完全停止运转。

在图 5.32 所示的显微镜照片中可以看到薄膜卷材上大量的静电电荷耗散，这种耗散是滚动轴承上的火花放电引起的。非导电轴承润滑脂被大面积烧毁了。

图 5.32　火花放电对滚动轴承的损伤

图片出处说明

（F2）Eltex Elektrostatik GmbH, Weil am Rhein, Germany, www.eltex.de

（F11）IONTIS Elektrostatik GmbH, Efringen-Kirchen, Germany, www.iontis.de

（F12）Imm Cleaning Solutions GmbH, Kandern, Germany, www.imm-web.de

（F13） Dr. Escherich GmbH, Munich, Germany, www.dr-escherich.de
（F23） Durst Phototechnik AG, Brixen, Italy, www.durst.it
（F24） REMBE® GmbH Safety+Control, Brilon, Germany, www.rembe.de

视频出处说明

（V5-3） Dust explosion of 1.5 kg corn starch (with permission of F24).

参 考 文 献

[1] Schubert, W. (2008) Oberflächenreinigung von MDF vor der Pulverbeschichtung, Ztschr, Holztechnologie 49, Hrsg. IHD Dresden.

[2] Künzig, H. (2013) Schulungs-und Seminarmaterial, Ingenieurbüro Weil am Rhein.

[3] Eltex Elektrostatik GmbH (1999) Aktive Entladeelektrode. Patent DE 19711342C2.

[4] IEC 60052 2002-10. Voltage Measurement by Means of Standard Air Gaps.

[5] TRGS 727 Vermeidung von Zündgefahren infolge elektrostatischer Aufladungen, January 2016 (GMBl 2016, S. 256-314).

[6] Künzig, H. (2008) Statische Elektrizität, Versteckte Gefahren und Beispiele aus der Praxis, Hrsg. Eltex Elektrostatik GmbH.

[7] Imm, P. (2002) Vorrichtung zum mechanischen Reinigen von Werkstücken unter Verwendung von Luft- und Gasströmen. Patent DE 10049633.

延 伸 阅 读

[1] Knopf, F. (2014) Transferzentrum Offenburg, Germany, Schulungsunterlagen, Marz 2014.

[2] Linsenbuhler, M. (2005) Herstellung und Charakterisierung funktionalisierter Composite-Partikel. Dissertation Universitat Erlangen-Nurnberg, S. 63 ff.

[3] Schubert, W. (2008) Ruhende Elektrizitat, Zeitschrift Etiketten-Labels 2-2008, G&K TechMedia GmbH, Gutach.

第 6 章　演示试验说明

许多听众都知道,演讲结束后,演讲者会心满意足地走出会堂,把那些被他的阐述弄得疲惫不堪的听众抛在身后。在演讲者的努力和听众的收益之间的关系上出现了问题,或者用一种更简单的方式来发问,人们到底理解了什么?

主要问题是如何实现更好的可视化。20 世纪初,R. W. 波尔在哥廷根(德国)的演讲中通过令人印象深刻的演示试验,出色地完成了物理学领域的可视化任务。

物理学领域的一些内容,如力学和光学,特别适合演示试验。通过演示试验,测试装置可以以十分稳定、健康的状态运行,大多数干扰性影响因素可以被消除,并能够实现良好的再现性。这确切地证明了理论所应阐释的结论。

不幸的是,静电学与物理学并不相同,静电学主要依赖于表面现象,因此暴露在环境的影响之下。首先,环境影响不仅指空气湿度,也包括任何类型的污染物,如触摸时的汗水。如果你牢记即使是很小的污染物也会导致电荷极性的改变,而且正、负之间的电荷极性是零,那么试验的结果有时是不确定的。

只有通过专业知识和对问题的熟悉,并且非常小心,才有可能以较为理想的方式进行试验,从而达到预期的结果。

值得一提的是,我们对许多似乎与"电工技术观点"不相容的理论给出了证明。有鉴于此,后面的试验应该作为静电试验课程的指导(图 6.1)。

当观众进入会堂看到我的试验装置时,他们喜欢坐在后排。在其他座位被占满之前,第一排空无一人。经常有人问我坐在第一排是不是太危险了。

第6章 演示试验说明

图 6.1 集中精力的狗

那么我可以回答,我和在桌子下休息的狗菲利克斯从未受到过试验的任何伤害,我用利希滕贝格[1]的话来回答,大多数时候我会得到一个尴尬的微笑。

无论如何,这次问答经历让我对我粗心的试验表现提出了警告。不过,为谨慎起见,对于一些场面壮观的试验,我会首先给出一些一般性建议。

有些试验会出现火焰,必须加以控制。最重要的规则是,易燃材料应尽可能远离,将要使用的试验物质以及演讲厅周围的材料都应如此。在任何情况下,灭火器都应随时准备就绪,演示者和观众都会因此有安全感,如果能有消防员在场就更好了。还必须考虑到,许多会场配备了火灾/烟雾探测器。应该赶在讲座被消防队的警报声打断之前结束试验(幸运的是,到目前为止我还没有遇到过这种情况)。

此外,重要的是试验所需物质的数量应尽可能少,并保证它们的所在的容器标记正确。

6.1 序　　言

如前所述，空气湿度是一个非常重要的影响因素，要想成功地进行静电试验，空气湿度应小于40%。一般来说，这只能在一年中较冷的月份和加热的房间里发生。在亲自控制并测量后，才能可靠地依赖空气条件。人们的呼吸和服装释放的水分也不可低估。因此，在清晨进行静电试验是最有利的。

需要注意的是，需要静电充电的部件和测量仪器的电绝缘体不能用手触摸，因为手上的咸汗就像抗静电剂一样起作用。如果你在这方面训练过自己，就有必要把这些知识分享给听众。在幕间休息时，要告诉他们只能用眼睛看试验设置而不要用手触摸，但这并不总是那么容易做到的。

下面几节中描述的所有演示试验都已进行了无数次，再现应该没有任何困难。在描述之前总需要一个设备列表，以及装置和材料列表。

以下推荐的4种设备均需购买，而装置的其他部分可以简单地自行制作：

(1) 静电电压表；
(2) 电场计；
(3) 范德格拉夫起电机；
(4) 爆炸管。

如有必要，也可购买用于较大会场的大型显示器。

6.2　静电电压表

在试验中，通常需要测量电压（千伏范围），很少测量电流（微安范围）。测量电压只能使用没有自身消耗电能的设备。它们基于"验电器"的原理，该原理是几个世纪以来众所周知的，静电电压表正由此而来。20多年来，德国市场上只剩下一家静电电压表供应商，即哥廷根的Phywe。他们提供的两种演示装置（测量范围为2~7kV和3~26kV）具有出色的质量和精度，但没有极性指示。这些电压表甚至配备了闪络保险丝（带有两个球的火花间隙）以避免过载（图6.2）。

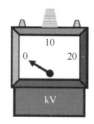

图 6.2 电压表

6.3 电场计

由于没有用于测量 2kV 以下电压的静电电压表,因此可以使用带"电压附件单元"的电场计(见 3.9.1 小节)。这种测量头可用于 2kV 和最大 40kV 的静态电压测量(科纳沃茨特股份有限公司,D-79688 号,维森塔尔,德国)(图 6.3)。

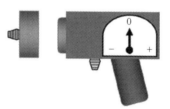

图 6.3 电场计

在某些试验中需要带有极性指示的电场计。将电场计的显示转移到一个大的显示单元上是非常有用的,以便更多的观众可以密切关注,这可以通过在物理课上使用的显示设备来实现。但是,电场计的信号通过 A/D 转换器传输到笔记本电脑,再通过投影机传输到屏幕上,更简洁,有时也更清晰,特别是可以对连续动态进行更好地展示(绘图)。有时与其他软件不兼容可能会带来问题(如当 PowerPoint 演示文稿同时运行时)。

6.4 范德格拉夫起电机

许多试验需要高压直流电。在电流约为 20μA 时,应提供几千伏至 300kV 的电压。当使用一台修理了好几次的"古老的"范德格拉夫起电机(图 6.4)

时，它从来没有让我们失望，我们没有想过买一个高压电源，虽然这不是问题，不过范德格拉夫起电机能够在静电演示中传递出"某种东西"，而另外的"黑盒装置"则做不到。

图 6.4　范德格拉夫起电机

使用范德格拉夫起电机的基盘作为所有试验的参考电位是有利的，该基盘已经通过网格接地。因此，它应该配备连接器插座。

不得不指出，鉴于在课堂上使用电子媒体的经验不足，有些试验尤其是范德格拉夫试验，可以带来非常强烈的脉冲（瞬变），笔记本电脑、投影机、相机等电子设备可能被干扰甚至损坏。建议关掉这些设备或与干扰源并放在较远的位置。

6.5　爆　炸　管

爆炸管是改进的哈特曼管。我们使用了底部封闭的有机玻璃管，体积约为1L。在底部的1/3处，有两个相距约2mm的金属球电极，每个电极都有一个延伸到外部的接触点。一般来说，其中一个电极通过连接插座的电缆接地（图6.5）。

在顶部应安装一个薄的铝制断裂箔片来释放压力。

第6章 演示试验说明

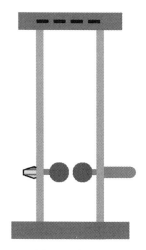

图 6.5 爆炸管

为了在管中获得必要的化学计量的汽油/空气混合物,用微升注射器通过铝箔注入精确的 150μL 汽油。因为汽油太多产生的效果不大,所以必须非常小心地加入;否则会导致混合物过浓,极有可能无法被点燃。

由于汽油蒸气的密度总是高于空气,所以将管子倒过来以避免出现蒸气浓度差并实现完全混合。事后用胶带封住针孔,以避免汽油泄漏,这一点已被证明很重要。

为了增强"爆炸效果",可以在断裂箔片的上方倒置一个塑料杯。由于管子里的爆炸,玻璃杯会以巨大的速度撞向天花板,观众会感到惊讶。大多数时候,我的狗菲利克斯都能成功地抓住那个飞行的杯子。

如果有人试图用手在相同的高度使杯子停下,那么这个人将会非常失望,因为那不会成功。

注意以下几点:

(1) 在爆炸管的所有试验中,爆炸管内部会发生压力增加的爆炸。因此,有机玻璃管不得有任何薄弱点或损伤(如发丝状裂纹)。如果断裂箔片没有打开以释放压力,可能会发生 10bar 的超压,使容器开裂。因此,只有薄的铝箔可以作为断裂箔片,此时只会发生短暂的压力增加。

(2) 在进行这个试验之前,绝对应该满足的条件是将断裂箔片再次放在爆炸管上面;否则,你可能再也不会被邀请去做更多的试验讲座了。你觉得为什么?

(3) 要注意,提供压力释放(铝箔)的有机玻璃管必须有足够强度,以承受爆炸的冲击压力。

(4) 在进行试验时,务必不要向爆炸管俯身,因为可能会被上升的火舌伤到。

(5) 还有人认为,猛烈的爆炸声可能会导致听觉损伤。所以,必须尽可能地与管子保持距离;否则你必须戴上耳塞。

以下是一些有用的提示。

(1) 一般来说,测量电压必须在两个电位点之间进行,如电池的两个连接插座。

(2) 在静电试验中,建议只使用"电位"一词,并且总是参考"地电位"(零)。但这并不总能确保接地连接器插座也连接到大地。接地可以在范德格拉夫起电机的基底完成,它通过电力网获得地电位。

(3) 由于现有绝缘电缆的隔离一般只满足电工技术要求,因此,在测量对象和电压表之间布置电缆时,绝缘封装不要接触任何导电物体,这一点很重要。

6.6 静电力效应

静电学是关于静止电荷及其电场的科学。电荷的存在表现在带电物体之间的作用力中。它们也被称为库仑力:

(1) 相同电荷的排斥力;

(2) 相反电荷的吸引力。

我们将描述两个试验来表现排斥力。

6.6.1 滚动的管道

所需物品:

(1) 塑料工作台;

(2) 3支塑料管(如聚丙烯、聚氯乙烯;约ϕ30mm,0.5m长);

(3) 羊毛织物;

(4) 接地电晕针;

(5) 调幅(AM)域的无线电接收机。

在精细制作的高度绝缘塑料斜面上,3根管道(如聚丙烯电缆管)通过与羊毛摩擦产生静电后,一根接一根地放置。只能接触管道的一端,以保持其良好的荷电率(图6.6)。

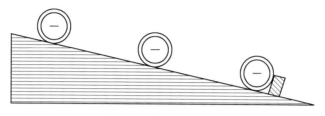

图6.6 滚动的管道-1

正如预期的那样,第一根管道沿着斜面向下滚动,直到停止。当增加第二个带电管时,它会因为带同种电荷而被排斥并滚动上升直到停止。最后,第三个带电管将保持在其他管道中间并趋于稳定。

现在可以把最上面的管道放在另外两个管道之间,再次观察排斥力。位于顶部的管道将沿斜面滚动上升直到停止(图6.7)。

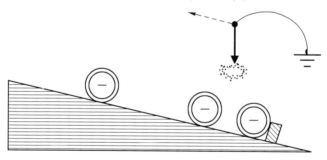

图6.7 滚动的管道-2

当一个接地的放电针尖被带到管道附近时,在这一点上就会产生电晕放电,导致管道上的电荷被中和。现在,只有重力作用在管道上,它们会从平面上滚下来,一起静止。

当用钝的电极接近管道时,如在不接触管道的情况下使用指关节,会发生几次刷形放电。管道将部分放电,并沿斜面向下滚动(图6.8)。

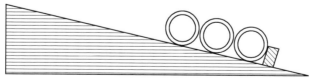

图6.8 滚动的管道-3

如果附近有无线电接收器（AM 域），刷形放电和电晕放电之间的区别可以很容易地证明：每次刷形放电都会导致接收器产生裂纹噪声，而电晕放电根本不会产生噪声（参见 4.3.2 小节）。

不管怎样，在此之前必须调整接收器，使其不会因室内干扰（如荧光灯）而失真。

6.6.2 悬浮的管道

所需物品：

(1) 高绝缘塑料制成的两个叉状支架；
(2) 6 根塑料管（如聚丙烯、聚氯乙烯）；
(3) 羊毛织物；
(4) 接地球电极（图 6.9）。

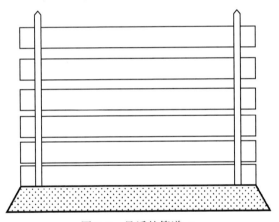

图 6.9 悬浮的管道-1

用羊毛摩擦来充电之后，上面提到的管道将被放置在高度绝缘的塑料叉状支架上。

必须注意的是，支架本身是不带电的，否则试验就会失真。与上述试验类似，带同种电的管道将显示彼此的排斥力。它们对抗重力，使管道处于漂浮状态（图 6.10）。

用接地的球电极从管道两侧接近管道时，会产生极为强烈的刷形放电，也称为超级刷形放电。被放电的管道会下降，直到它们彼此压在一起。超级刷形放电与普通刷形放电形成对比，它更加有力，使发出的光更亮，发出的噪声也更大。

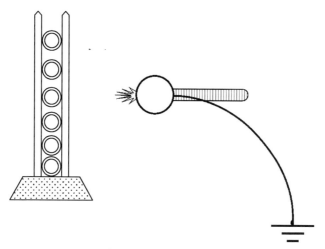

图 6.10 悬浮的管道-2

6.6.3 验电器

所需物品：

（1）验电器（图 6.11）；

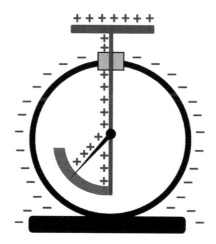

图 6.11 验电器

（2）塑料管（如聚氯乙烯、聚丙烯，约 $\phi 30mm$，长 0.5m）；
（3）羊毛织物。

在巴洛克时代，验电器本身就是一种测量电的仪器，几年前，它可以通过科隆（德国）的莱宝公司获得，但由于无法校准，如今已经失去了它的重要性。

沿着盘状电极用羊毛摩擦，使聚丙烯管带电，当再次擦拭聚丙烯管时，它可以明显地充电。验电器显示出前面提到的同种电荷的库仑力会反抗重力，使指示器向上转动。

指示器的位置也可以通过阴影投射来显示。

仍在使用这个设备的人绝对应该把它呈现出来。

6.6.4 描绘电场线（经典方式）

所需物品：

（1）用铝箔制成的平行板电容器的结构，铝箔带有电气连接并粘在有机玻璃板上；

（2）透明丙烯酸培养皿；

（3）蓖麻油；

（4）玉米小麦粉；

（5）范德格拉夫起电机；

（6）投影仪。

在透明的丙烯酸培养皿中滴入几滴蓖麻油，然后将玉米小麦粉洒在蓖麻油上，搅拌使其均匀分布。之后，将培养皿放置在一个平行板电容器结构上（图6.12）。

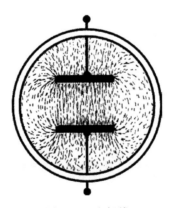

图6.12 电场线

一个插座连接范德格拉夫起电机，另一个连接大地。当接通起电机时，小麦粉移动，指示电场线。

对于其他电场强线的描述,必须从铝箔中切出相应的电极并以平行电极方式定位。

6.7 分离过程引起的电荷

这个试验说明了静电是如何在分离过程中产生的(见2.1节)。
所需物品:
(1)静电电压表;
(2)带接地接头的静电耗散支撑物(胶合板);
(3)高度绝缘层(聚氯乙烯桌垫);
(4)金属盘(抛光黄铜),带有电缆连接和高度绝缘的手柄(如聚四氟乙烯);
(5)绝缘电缆;
(6)爆炸管。

在耗散和接地支撑物(U)上放置绝缘层(A)。支撑物必须接地,以排除来自带电人员或物体的干扰电场的影响。

带有绝缘手柄(G)的金属盘(P),通过绝缘电缆与静态电压表连接,置于绝缘层(A)上(图6.13)。

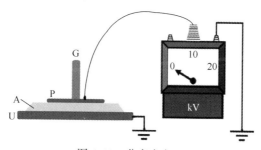

图 6.13 分离充电-1

当将金属盘从绝缘层上提起时,静电电压表没有反应或反应极小。即使是奋力地在绝缘层上摩擦圆盘(摩擦带电),指示器也不会受到扰动,人们会思考到底哪里做错了。

但如果在摩擦过程后,圆盘被提起,电压表显示为20kV。

摩擦本身不会产生电荷,它只是将绝缘层与圆盘之间的距离缩小到10nm以下,只有在这个距离下才有可能发生电子转移(见2.1节)。

当带电盘再次靠近该层时（不接触），电压下降；当提升磁盘时，电压将再次增加（图6.14）。

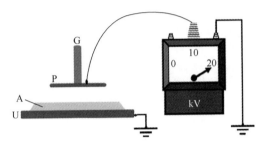

图6.14 分离充电-2

在这个试验中，当将圆盘举起时，引力将被克服。在摩擦过程后，需要比摩擦前更大的力量将圆盘从绝缘层上抬起。电势等价于所消耗的机械力（图6.15）。

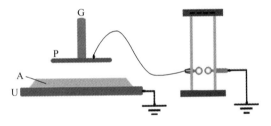

图6.15 分离充电-3

与前面描述的试验相比，一个非常令人印象深刻的替代方案是用爆炸管代替试验中的静电电压表。当提起金属盘时，火花会在电极上跳跃，点燃那里的爆炸性混合物。爆炸管会发出一声巨响。因此，它提供了证据，证明分离相对较小的黄铜板的过程可能是很危险的。

6.8 微粒充电

6.8.1 单个微粒充电

下面的试验演示了不同材料的微粒是如何根据具有不同符号电荷的"摩擦带电序列"进行充电的。

所需物品：
（1）带螺旋连接测量头的电场计；
（2）法拉第桶；
（3）金属管（不锈钢）；
（4）要插入的塑料管（聚四氟乙烯）；
（5）十字夹、三脚架、支架、接地线；
（6）塑料微粒（聚四氟乙烯）；
（7）不锈钢珠；
（8）大型显示单元-测量装置；
（9）镊子。

金属管用十字夹向下固定在三脚架上，以便微粒可以向下滚动。法拉第桶插在电场计的测量接头上。

金属管和电场计接地；将法拉第桶接地，使显示单元置零。必须仔细调整设置，使微粒滚过金属管落入法拉第桶。一方面，需要调整管道的倾斜度（如果太陡，微粒会再次跳出）；另一方面，必须检查金属管和法拉第桶之间的距离，两者不能接触。

电场计显示落在桶中微粒的极性和电荷量。为了避免被手指汗液污染，必须用镊子取送微粒。

试验人员的人体电荷也会破坏这个精细试验的结果。可靠接地可以按以下方式操作：用一只手握住接地三脚架；同时，用另一只手的两个手指触摸金属管的下端和法拉第桶。那么测量装置应该指示为0。现在微粒可能被扔进管道（图6.16）。

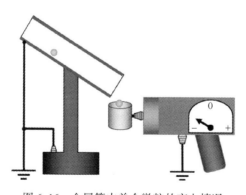

图6.16　金属管中单个微粒的充电情况

在第一个试验中，将塑料微粒插入金属管并向下滚动下，当它落入法拉第桶时，测量设备显示它将带负电荷。金属管的正电荷排入大地（图 6.17）。

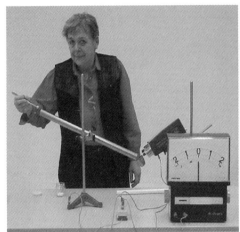

图 6.17　单个微粒充电

在第二个试验中，将聚四氟乙烯管插入金属管中，不锈钢珠沿塑料管滚下。正如预期的那样，测量装置显示出正电荷。不锈钢珠不得不向塑料管发射电子，因此使其带负电。根据其体积的大小，需要滚动多个钢珠才能清楚地显示充电情况。

第三个试验可以用下面这个装置进行："水滴从塑料管上滚落下来。"把塑料管放在较陡的位置，使水滴能滚过去。由于重力的作用，水滴变形了，它的平面比金属珠更大。调整好管子与法拉第桶的距离后，用移液管往聚四氟乙烯管内滴一滴水。当液滴落入法拉第桶时，测量装置显示为正电荷，但现在指针完全偏转，因为在分离过程中水滴平面的尺寸更大，水滴必须向聚四氟乙烯管发射电子，使其带负电。

▲6.8.2　多微粒充电（颗粒物）

在前面的试验中，已经描述了单个微粒充电的方式。下面的例子使用了很多微粒，也称为颗粒物。从许多试验讲座中获得的经验中发现，在大多数情况下，如果使用玩具（汽车模型），观众会非常感兴趣。试验装置如图 6.18 所示。

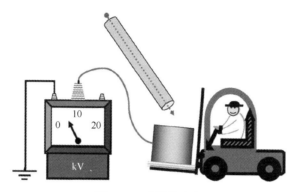

图 6.18 多微粒充电

所需物品：
（1）带绝缘塑料托盘的玩具叉车；
（2）金属桶（锡罐）；
（3）塑料管（聚丙烯、聚四氟乙烯）；
（4）塑料颗粒物（聚酰胺）；
（5）静电电压表。

这里可以令人印象深刻地证明，当金属桶不接地时，大量的静电电荷是如何快速产生的：大约 5 汤匙带电颗粒物产生 5kV 电压。

6.9 电 感 应

6.9.1 基础试验

所需物品：
（1）范德格拉夫起电机；
（2）电场计；
（3）隔离放置的导电物体（圆柱体、管道）；
（4）用于接地的带绝缘手柄的球形电极；
（5）大型显示单元——测量装置。

导电物体位于范德格拉夫起电机和电场计之间。电场计指示起电机对面物体的电荷。现在，起电机球体和物体短时间接地，以达到无电荷的初始条件。

然后，起电机开关被接通（大约1s），起电机的球体带负电荷。一定不能发生气体放电，因为那样会使结果失真。球体和物体之间产生电场，在电场中电荷通过电感应而移动（见2.8节）：正电荷被吸引，负电荷被迫向外。因此，电场计将指示负电荷。

当将物体正对场强计的一侧进行接地时，其负电荷将被排出，指示零位。然而，起电机和物体之间仍然存在电场（图6.19）。

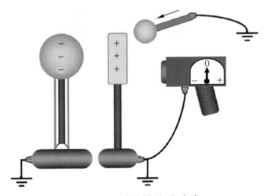

图 6.19　引导性基础试验

现在当起电机球体处接地时，它的负电荷也被排出。两次接地后，就会留下一个带正电的物体。

当把范德格拉夫起电机移走而不是接地时，场强计也会显示物体上有正电荷。当成功地将起电机放置到完全相同的位置时，电场计将再次指示零位。

▲6.9.2　钟琴

所需物品：

（1）电场计；

（2）两个隔离放置的金属罐；

（3）带有石墨导电乒乓球的钟摆；

（4）聚酰胺（尼龙）、聚丙烯腈（亚克力）布料。

在两个绝缘放置的金属罐之间挂着一个用石墨制成的导电乒乓球。利用场强计来指示其中一个金属罐的电荷（图6.20）。

互相摩擦尼龙布和亚克力布，使它们紧密接触，然后再次分开。此时，尼龙布将带正电，而亚克力布带负电。

带电的布料将被各自放入一个罐中，放置过程中不能触摸。然后，在右边金属罐的电场计指示负电荷。乒乓球随后将按照电场线（见 2.7 节）在两个罐之间来回摆动，形成弓形轨迹。它会根据电容的大小把一定量的电荷从一个罐子传输到另一个罐子。如果罐子大小不同，就能听到不同的音调。

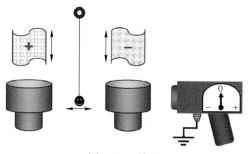

图 6.20 钟琴

这种"钟乐"将一直持续到乒乓球平衡了几乎全部的电荷为止。当再次把布从金属罐里拿出来（不触摸它们）时，由于电感应效应（见 2.8 节）的影响，钟乐会再次响起，但这次的电位极性是相反的。

▲6.9.3 隔离导电部件的电感应

所需物品：
（1）格栅箱托盘容器（3L 模型）；
（2）爆炸管；
（3）断裂箔片；
（4）微升注射器；
（5）汽油（i-戊烷）；
（6）静电电压表；
（7）3 支塑料管（如聚丙烯、聚氯乙烯；约 ϕ30mm、0.5m 长）；
（8）羊毛织物；
（9）玻璃仪器。

格栅箱托盘容器模型由一个带有金属格栅紧密配合的方形聚乙烯宽颈瓶组成。它不接地，此处要隔离放置。容器由绝缘电缆与接地的静电电压表连接。按照 6.5 节所述，用 i-戊烷激活爆炸管。爆炸管接地，通过绝缘电缆连接到静电电压表（图 6.21）。

首先，用羊毛摩擦一根塑料管，使其带电，然后放入托盘容器中。静电电压表显示约为 5kV。

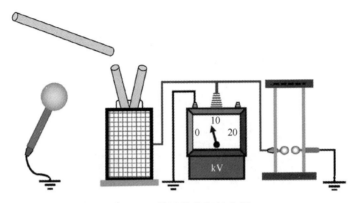

图 6.21　带屏蔽的塑料容器

当将第二根带电管放入容器时,静电电压表显示电荷增加。它可能高到足以在爆炸管中引起火花跳跃,并点燃那里的化学计量混合物。可以肯定的是,当第三根带电管子插入容器时,"爆炸效应"也会发生。

现在容器通过与地面的短暂接触而放电。当一个接一个地拔出管子时,静电电压表显示电感应逐渐增大。

试验可以倒序进行:托盘容器接地,如前所述接静电电压表和爆炸管。然后将带电的管子放入容器中,正如预期的那样,没有电荷显示。现在暂停与地面的连接,将管道一个接一个地从容器中拔出。由此增大的电感应也会产生"爆炸效应"(图 6.22)。

图 6.22　玻璃仪器

图 6.22 显示了玻璃装置中典型的法兰连接。金属螺栓也可以通过流过的带电液体感应充电。

当将螺栓连接到静电电压表时，电感应效应可以在上述插入并再次拉出带电塑料管的试验中显示出来（另见 2.8 节）。

注意：在多次的试验讲座中，注意到"电感应"这个现象很难让参与者理解。为了更好地理解，有必要重复"基础试验"（见 6.9.1 小节）。这对试验者来说绝对没有问题，因为试验的结果可以很容易地复制出来。

针对经常被问到的问题："你如何避免或保护自己免受电感应的影响？"答案令人莫名其妙地简单："通过连续可靠的接地。"

6.10 耗散特性

为了评估耗散特性（如通过测量电阻），可以使用一些定义过的方法（见第 3 章）。以下试验不涉及精确测定，而是反映耗散特性优劣的实际效果。

这里需要确定的是：这种材料会被静电充电吗？如果是，电荷会在材料上停留很长一段时间还是会很快消失？

所需物品：

（1）范德格拉夫起电机；

（2）静电电压表；

（3）带绝缘手柄的球形电极；

（4）接地金属板。

球电极与绝缘电缆连接到静电电压表和范德格拉夫起电机。首先，将要测试的材料，如一块皮革，放在接地的金属板上；然后将球电极降低到被测材料处，启动范德格拉夫起电机（图 6.23）。

如果静电电压表没有显示电压，则材料不能静电充电。而如果有电压指示，就必须测试在关闭起电机后电荷能在材料上停留多久。如果电荷不流失或下降非常缓慢，建议将起电机接地；否则，在接触探头时会发生触电。

通过这个试验，不仅可以测试平整材料试样，也可以测试大容量的物体，如油桶、漏斗、管道等，以找出它们消散静电电荷的速度。由于范德格拉夫起电机发出的电压约为 150kV，而一般物体只能带电约 30kV，这个测试似乎过于严格。因此，具有足够耗散性的物体可能会携带一些电荷，但这些电荷消耗得非常快，这表明它可能是安全的。

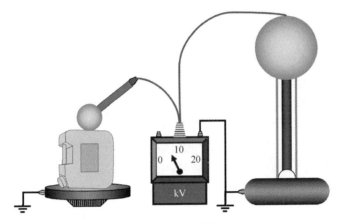

图 6.23 检查耗散特性

观察空气湿度的影响是非常有趣的（见 2.4 节，图 2.9），如在一块玻璃上。首先，玻璃变得高度带电，电荷非常缓慢地排出。但当对着玻璃呼气时，电荷会立即消失，这取决于空气的湿度。

6.11 爆炸管试验

有爆炸的物理试验永远比无声的试验更有价值，因此人们总应该祈祷，如果上天允许我们有所发现，但愿这是个带着巨响的发现，它的声音将永远回荡（利希滕贝格）。

6.11.1 人体静电充电

所需物品：

(1) 爆炸管；
(2) 微升注射器；
(3) 断裂箔片（如普通家用铝箔）；
(4) 汽油（异戊烷）；
(5) 合成纤维（PET）的男士或女士衬衫；
(6) 羊毛开衫；
(7) 聚四氟乙烯板材 500mm×500mm。

在图 6.24 所示的这个试验中，当与其他导电部件隔离的人站立着脱下衣服时，产生的电荷量会非常高，在他/她触摸一个接地触点之前，汽油/空气混合物可能已经被点燃。

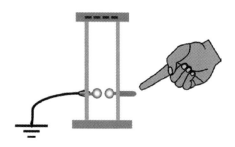

图 6.24　带电的人体产生火花

在普通的衣服外面，试验者首先穿上一件涤纶衬衫，又穿上一件羊毛开衫。然后人站在聚四氟乙烯板上，这样电荷就不会耗散。通过摩擦，这些纺织品会紧密接触，然后再脱下羊毛开衫，这些纺织品就会彼此分离（见 6.7 节）。

以这种方式带电的人现在接触爆炸管的未接地引脚，可引起电极之间的火花放电（见 4.3.1 小节），点燃化学计量混合物，发生猛烈的爆炸，随后撕开铝箔。

在空气湿度高的日子里，这个试验只有在相反的着装要求下才能成功，即在羊毛开衫外面穿涤纶衬衫。原因是羊毛开衫不像涤纶衬衫那样比较快地被汗水浸湿，在大多数情况下，这种方式能使人体获得足够的充电。

▲6.11.2　点火电压

所需物品：
(1) 爆炸管；
(2) 断裂箔片（铝）；
(3) 微升注射器；
(4) 汽油（异戊烷）；
(5) 静电电压表；
(6) 不带绝缘套管的香蕉插座；
(7) 塑料管（如 PP、PVC；约 $\phi 30mm$，长 0.5m）；
(8) 羊毛织物。

在这个试验中将确定爆炸管的火花间隙在什么电压下会发生放电（图 6.25）。

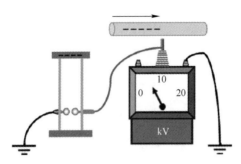

图 6.25　点火电压

将香蕉插座插入静电电压表的高压接头。插座不能是一个点；否则当沿着香蕉插座擦拭塑料管道时可能已经开始了电晕放电（见 4.3.2 小节）。静电电压表如前面所述与爆炸管相连。用羊毛摩擦（见 2.4 节），塑料管将根据"摩擦起电序列"带负电荷。带静电的塑料管受到拉力，沿着静电电压表上的香蕉插座运动，并将其电荷发射到测量装置上。这是由许多弱的刷形放电引起的。

通常也可以使用点状接头，那么电荷转移将通过电晕放电发生。在移除塑料管后，测量装置将立即发生"反向放电"。

如果有必要，充电过程必须重复几次，这样静电电压表上的电荷就会累加起来。它的电容约为 50pF，因此可以计算其存储的能量。

在大约 8kV 时，火花在爆炸管中跳跃，点燃化学计量混合物。用这种方法也可以按照 8kV 的击穿电压调整火花的长度。

▲6.11.3　分离充电

如果气候条件符合要求，可以使用绝缘层/金属板而不是 PVC 管（见 6.7 节）。单独摩擦金属板不会产生显著的充电效果；由于分离充电，因此在爆炸管中产生火花，从而达到期望的试验结果。

"爆炸效应"清楚地表明，在这个试验中发生了分离充电。

▲6.12　气体放电

进行此项系列演示试验的一个必要装置是范德格拉夫起电机（见 6.4 节）。在投入操作前，应注意以下事项。

（1）敏感的电子设备（笔记本电脑、摄像机等）应关闭或放置在一边，因为范德格拉夫起电机引起的强放电（图6.4）可能损坏附近的电子元件。

（2）起电机应放置在离导电部件至少1m的地方，以避免导电部件被充电并发生不受控制的放电。

（3）事实证明，将房间调暗是有利的，以便于工作人员就可以感知不同的气体放电。

▲6.12.1 火花放电

所需物品：
(1) 范德格拉夫起电机；
(2) 带绝缘手柄的接地球形电极，约 φ150mm（图6.26）。

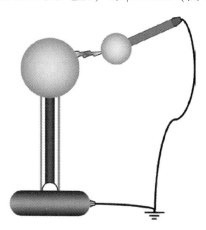

图 6.26 火花放电

如4.3.1小节所述，火花放电在两个电极之间产生。在试验中，当一个接地的电极接触正在运行的起电机时，将会发生这一问题。根据起电机的情况，放电火花可能有150mm长，其关联电压约为400kV。火花会伴随着噼啪声。值得注意的是，明亮的等离子体通道并没有沿着电极的整个距离延伸，它被较弱的扩散发光片段所中断。

在这里可以清楚地看到，在放电开始后，起电机产生的电流并不总是足以利用磁场将气体压缩到跨越整个火花间隙的等离子体状态（见4.3.1小节）。

▲6.12.2 电晕放电

所需物品：
(1) 范德格拉夫起电机；
(2) 静电电压表（如菲韦公司 26kV）；
(3) 分流器（如 1GΩ）；
(4) 带绝缘手柄的电晕针。

首先，在静电电压表上放一个分流器，将装置变成一个"微安计"。如果分流器的电阻值为 1GΩ，根据欧姆定律，在电压指示为 18kV 时，则电流为 18μA（图 6.27）。

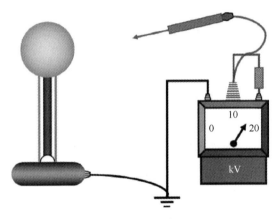

图 6.27 电晕放电

电晕针通过绝缘电缆与微安表连接。

当将电晕针缓慢接近运行着的起电机，在距离为 500mm 时，微安表已经指示电流开始通过空气流动。当眼睛已经适应黑暗后，可以在电晕针和范德格拉夫球体之间看到蓝-紫色传播通道。随着电晕针进一步接近，电流逐渐增加。最后接触球体时，将测量出起电机的最大电流并能够注意到一个微小的闪光外观。

▲6.12.3 刷形放电

采用与 6.12.2 小节中相似的设置，但这项试验使用的不是电晕针，而是一个带绝缘手柄的直径为 10mm 的球电极（图 6.28）。

第 6 章　演示试验说明

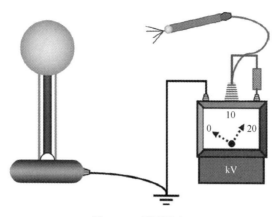

图 6.28　刷形放电

当球电极接近运行着的起电机的球体时，可以听到"噼啪"声。微安计指示电流增加，电流随着刷形放电而中断并再次积聚，如此反复进行。它被称为"锯齿序列"。

▲6.12.4　模型试验：刷形放电点火

这个试验总体上是通过类比，证明刷形放电能够点燃气体；而电晕放电则不能。

所需物品：

（1）范德格拉夫起电机；
（2）小型荧光灯；
（3）小型支架底座；
（4）带绝缘手柄的电晕针；
（5）约 $\phi 10mm$ 球形电极；
（6）绝缘电缆。

小型荧光灯固定连接在支架底座的插座上。首先，将绝缘电缆连接到带绝缘手柄的电晕针上。

电晕针接近运行着的起电机时，灯不亮。只有当电晕针接触到范德格拉夫球体时才可以观察到微弱的辉光。这是因为起电机的最大电流约为 $20\mu A$，不足以点亮荧光灯（图 6.29）。

在绝缘手柄上固定一个小球电极，替换电晕针。当小球接近运行的起电机至大约 150mm 时，在小球电极处产生刷形放电，发出"噼啪"噪声。每次

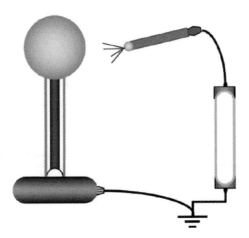

图 6.29　荧光灯中的刷形放电

"噼啪"声一响,荧光灯就亮起来。

因此,荧光灯中的气体(汞蒸气)是由脉冲形式的刷形放电点燃的,而连续运行的电晕放电不能点燃该气体。

▲6.12.5　离子风的证据

所需物品:

(1) 范德格拉夫起电机;

(2) 带绝缘手柄的电晕针;

(3) 烛台上燃烧的蜡烛(图6.30)。

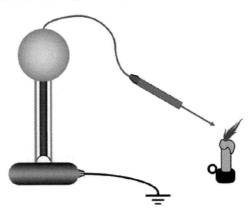

图 6.30　离子风的证据

绝缘手柄上的电晕针与范德格拉夫起电机的球体连接。慢慢地,针尖朝着蜡烛的火焰靠近,并轻微地前后移动。在电晕针上产生的离子风首先导致火焰向一侧倾斜然后褪色。要小心的是,针不能进入火焰,以避免针被烧蚀变钝。

▲6.12.6 超级刷形放电

这个试验已经用静电力效应描述过(见6.6.2小节)。

▲6.12.7 传播刷形放电

所需物品:
(1)范德格拉夫起电机;
(2)带绝缘手柄的电晕针;
(3)直径至少300mm的抛光金属板;
(4)比金属板稍大的聚酯或类似高绝缘材料的塑料箔,厚度为50~100μm;
(5)手柄绝缘的球形电极,直径约150mm。

电晕针用绝缘电缆连接到范德格拉夫起电机的球体上。因为可以用接地的电晕针进行放电(见6.6.1小节),所以也可以反过来将电晕针连接到高电压进行充电。

铝箔放置在接地的金属板上,小心地避免夹杂空气(图6.31)。

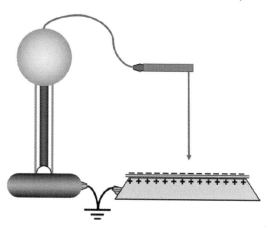

图6.31 传播刷形放电-1

打开范德格拉夫起电机开关，电晕针在箔片上方约 100mm 处往复地移动。可以观察到箔片是如何附着在接地的金属支架上的。负电荷被电晕针喷射到塑料箔上，正电荷在箔片的底部聚集，从而形成双电层（见 2.8 节）。这个充电过程可以持续下去，直到伴着一声巨响和明亮的闪光，箔片被传播刷形放电击穿（图 6.32）。

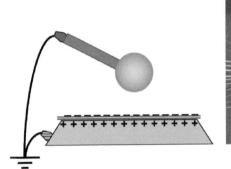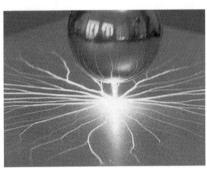

图 6.32 传播刷形放电-2

然而，如果确定了这种放电的时间和位置，则可以通过接地的金属球来实现可控制的传播刷形放电的触发。

当喷射时间约 30s 后，接地的金属球从上方慢慢接近带电箔片时，也会发生传播刷形放电。这种放电朝向接触点，呈星形扩展，跨越箔片的整个表面，并留下霜花状的熔化痕迹。

只有在喷射电荷结束后，并在关闭范德格拉夫起电机开关（反向放电）之前，立即将电晕针拨到一边，试验才会成功。

注意 不要触摸金属支架上的带电箔片，会有触电的风险，这将使带有心脏起搏器的人处于危险之中。

1. 粉尘点火

用前面描述的装置，也可以点燃粉尘。此外，还需要非常细小且具有非常低的最小点火能（MIE）的可燃粉尘（如聚丙烯腈、聚对苯二甲酸乙二醇酯、石松等）。这个试验的成功与否在很大程度上取决于粉尘是否干燥，因为干燥粉尘很容易被卷起，也不容易黏合结块。

这个试验很难执行，因为传播刷形放电必须具备 3 重条件：

（1）卷起粉尘；
（2）把尘埃分解成气态的碳氢化合物；
（3）点燃粉尘（图 6.33）。

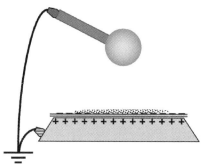

图 6.33 粉尘点火

首先，将少量可燃粉尘撒在铝箔上。然后，如前所述，铝箔和粉尘都被电晕针充电（见 6.12.7 小节）。可以观察到针上产生的离子风（见 6.12.6 小节）将箔片上的粉尘吹散成一个薄层。已经证明，充电后再次在铝箔上松散地撒上一些粉尘有利于试验进行。

接地的球电极缓慢地从上方靠近带电箔片，将出现传播刷形放电，有望点燃粉尘。

有几个不确定因素在试验中起作用，如空气湿度，因此该试验可能只有在几次失败的尝试之后才会成功。看着观众如何对试验者表现出"同情"是很好的体验。

2. 双电层电荷短路

另需两个带绝缘手柄的球电极（直径 100mm）。

为了证明电荷仅位于箔片上，可以进行以下试验：将箔片按前面描述的方式充电（见 6.12.7 小节），然后从支架上提起。重要的是要小心地抓住箔片的两个角，只用指尖！

箔片在空间中保持自由状态。另一个人将两个通过电缆连接的球状电极同时向铝箔的两侧移动，如图 6.34 所示，这会导致两侧的电荷短路。

该试验将伴随着一声巨响，产生两个传播刷形放电，每侧各有一个。

静电的原理、控制及应用

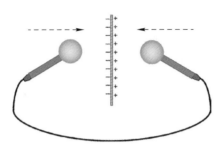

图 6.34　双电层电荷的短路

对于这个试验，可以按以下方式进行修改，不过它的实施难度很大。在箔片上撒一些粉尘，箔片就像前面描述的那样充满了电荷。当箔片在空间中保持自由时，可能发生短路，不仅会引起巨大的爆炸，而且还会卷起并点燃剩余的灰尘。

我们做了很多次这个试验，但很少有粉尘被点燃。

在上一次研讨会中（2015年1月），非常幸运，有一位试验参与者拍下了照片，记录了这一非常特别的场景（图6.35）。

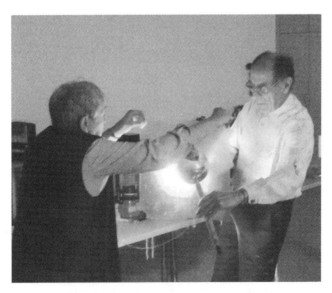

图 6.35　双电层电荷传播刷形放电的演示

6.13 火灾和爆炸危险

6.13.1 闪点

所需物品：

(1) 小金属杯；

(2) 煤油；

(3) 火柴；

(4) 加热板。

如前所述，对于火灾，燃料、氧气和点火源必须在时间和空间上保持一致（见 1.1 节）。在下面的例子中，煤油是燃料，燃烧的火柴是点火源，空气中存在必需的氧气。

在室温下，将正在燃烧的火柴浸入煤油中，虽然煤油是一种燃料，但火焰会熄灭。

将装满煤油的金属杯放在加热板上慢慢加热。偶尔会有燃烧的火柴靠近煤油，但只有在煤油上方形成足够高的蒸气浓度时（约 45℃），它才会燃烧。用这种方法可以确定闪点（见 1.2.2 小节）（图 6.36）。

图 6.36　闪点演示

6.13.2 大表面效果

所需物品：

(1) 耐火焰手套；

(2) 室温下的煤油；

(3) 镊子；

(4) 玻璃纤维织物；

(5) 蜡烛；

(6) 收集容器；

(7) 吸油颗粒；

(8) 勺子；

(9) 吸管；

(10) 金属碟；

(11) 火柴。

在前面的试验中，煤油的闪点约为 45℃，这说明了煤油在室温下被应用于大表面时很容易燃烧。

玻璃纤维织物（电路板产品）是不燃烧的。当使用镊子将这种织物放入蜡烛的火焰中时，很容易确定，它会变黑，但不会燃烧。随后将玻璃纤维织物浸入煤油中（在室温下），再次取出，在有油液滴落的情况下，将其悬在收集容器上方。现在接近烛火时，煤油会燃烧起来。煤油的一小部分被蜡烛的火焰点燃，通过这种方式释放的热辐射引发了链式反应，导致玻璃纤维织物表面的煤油燃烧。

在一般情况下，如果发生煤油泄漏，煤油必须被吸收，可以使用吸油颗粒。这些颗粒是不易燃的。

很容易地证明，拿一勺这样的颗粒，把它们放在一个金属托盘上，用燃烧的火柴点燃它们。这样的点火是行不通的！

现在用吸管将煤油滴在吸油颗粒上。当用燃烧的火柴接近煤油时，它会燃烧，甚至远低于其闪点。

这一认识在实践中很重要。有兴趣的读者可以描绘以下场景：在发生事故的情况下，消防队已经将泄漏的煤油（低于 45℃ 不易燃）收集干净，把它们送入一个装有吸油颗粒的桶里，然后运走。有人因为工作做得好而松一口气，点燃一根香烟，把燃烧着的火柴扔进桶里。当注意到颗粒突然燃烧时，他一定会产生强烈的怀疑和感到惊讶。

▲ 6.13.3 浓混合物

所需物品：

(1) 有机玻璃圆柱容器，直径 60mm，高 500mm；

(2) 小火花间隙，电极距离 2mm，在 5kV 高压变压器下运行，限流 1mA；

(3) 柔性电缆；

(4) 汽油（异戊烷）；

(5) 微升注射器；

(6) 盖子（啤酒杯垫）。

向有机玻璃汽缸的底部注入 5μL 汽油。在汽油蒸发的短暂等待时间中，圆柱容器被盖住，以防止蒸气呈漩涡状流动（如通过空调通风！）。由于易燃液体蒸气总是比空气重（见 1.1 节），因此它在圆柱容器下部的浓度较高，向上逐渐降低（图 6.37）。

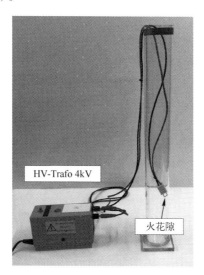

图 6.37 浓度梯度

现在，柔性电缆上的小火花间隙被小心地降低到圆柱容器的底部，并打开开关。此时，蒸气的聚积程度太高（太浓），因此不会发生点火。当点火源缓慢向上拉并最终到达爆炸范围时，点火发生并发出"扑通"的声音。汽油燃烧产生的水蒸气在圆柱容器壁的上部凝结，标记了点火发生的位置。

注意 在进行本试验时，应确保不要在圆柱容器上方弯下身体，以免被喷升的火焰伤到。

6.13.4 前进的火焰锋

所需物品:
(1) 两个有机玻璃圆柱容器,两侧有喷嘴;
(2) 带底座的支撑杆;
(3) 固定夹,十字夹;
(4) 透明软管(PVC);
(5) 蜡烛;
(6) 火柴;
(7) 汽油(庚烷);
(8) 纸布;
(9) 上部圆柱容器的覆盖物。

两个有机玻璃圆柱容器中的一个安装在支撑杆的顶部,另一个安装在底部,并通过各自的喷嘴与透明软管连接。在下部圆柱体中放入燃烧的蜡烛,在上部圆柱体里松散地放入一块滴了几滴汽油(庚烷)的布片。因为汽油蒸气比空气重,所以它们在软管中向下移动,到达蜡烛火焰,火焰慢慢变大。

最后,当达到爆炸下限时,蜡烛火焰点燃软管中的汽油蒸气,一条狭窄的火焰前锋向上扫过软管到达上部圆柱容器,点燃汽油润湿的纸布,发出一声巨响(把覆盖物盖在上面扑灭火焰)(图6.38)。

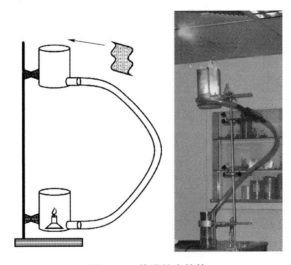

图6.38 前进的火焰锋

这个试验应该先试几次，因为所需汽油的数量取决于容器的体积。过多的汽油会导致火焰前锋在到达上部圆柱体的途中熄灭（混合物太浓）。汽油太少，蜡烛火焰会变得更大；然而，火焰锋面不会脱离（混合物太稀）。必须小心将沾了汽油的布片松散地放入上部圆柱体，以便蒸气更容易形成，上升的火焰前锋有更好的机会引起自发点燃。

在顶部 1/3 处，可以安装一个手动阀，上、下两个系统可以用它来解耦。一名试验服务人员被要求充当"传感器"和"执行机构"。当他/她观察到火焰锋面向上移动时关闭阀门，火焰熄灭，不能到达上圆柱体，因此不能点燃布片。

▲6.13.5 "倒出"汽油蒸气

所需物品：
(1) 两个相似的玻璃罐；
(2) 吸管；
(3) 汽油（戊烷）；
(4) 盖子（杯垫）；
(5) 长火柴；
(6) 木制试管夹；
(7) 耐火焰手套。

为了证明两个玻璃罐都没有汽油蒸气，将一根燃烧的长火柴固定在木制试管夹上，试管夹作为延伸物，将火柴逐个短暂浸入两个玻璃罐中。

现在用吸管将几滴汽油滴入其中一个玻璃罐中。相关的罐子上有汽油的标记。

在汽油蒸发的短暂时间内，要盖住罐子以避免蒸气呈漩涡状流动（由空调引起）。由于易燃液体的蒸气总是比空气重，它们会集中在罐子的底部，向上逐渐减少（参见 1.1 节、6.13.3 小节和 6.13.4 小节）。

当所有的汽油都蒸发了，慢慢地把蒸气倒进另一个罐子里，小心不要溢出。事实上，这是一个什么都看不见的过程，但观众会被它迷住。但是，当使用偏振光灯时，蒸气可以以条纹的形式清晰可见。

▲6.13.6 氧气需求

所需物品：

（1）玻璃碗；

（2）蜡烛；

（3）火柴；

（4）水；

（5）水溶性色素（食用色素）；

（6）玻璃圆筒（直径约50mm），从下部打开，在侧面复位，在顶部装有手动阀。

将水倒进玻璃碗（40mm 高），玻璃碗用食用色素着色以提高能见度。蜡烛被小心地放在水面上并点燃。然后将玻璃圆筒（阀门打开）放在燃烧的蜡烛上放入水中，直到它停留在玻璃碗的底部。立即关闭阀门（图6.39）。

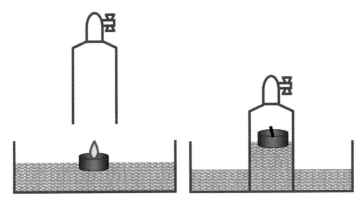

图6.39　氧气需求

火焰消耗玻璃筒内的氧气，产生真空，水面与蜡烛一起上升，直到氧气被耗尽。这时蜡烛的火焰熄灭了。此时打开顶部阀门，水面和蜡烛下沉到之前的高度。毫无疑问，热效应也促成了这种效果。

6.13.7　用水灭火

这里将证明并非所有易燃液体都能用水灭火（见1.1节）。这种用水灭火的尝试甚至可能是危险的。在进行试验的第二部分时，必须特别小心。

所需物品：

（1）带附盖的金属桶；

（2）两个小金属杯；

（3）酒精（如乙醇）；

（4）汽油；

（5）火柴；

（6）水；

（7）耐火焰手套。

在金属桶中的小金属杯里倒入少许酒精。为避免点燃时不必要的升温，加酒精不宜过量。此外，桶中应有足够的空间放置灭火用水。

用燃烧的火柴点燃酒精，然后用水浇灭。这是因为酒精可以与水混溶（见1.1节）。

在第二个试验中，将汽油倒入金属杯，代替第一个试验中的"酒精杯"并放入金属桶。用火柴点燃汽油后，试着用水"灭火"（注意：戴耐火焰手套！）。

汽油不能与水混溶，它漂浮在水的上方，继续燃烧，最后流过杯壁进入金属桶，引起一场大火。现在将盖子盖在金属桶上以使火熄灭。

如果试验人员没有等待足够长的时间就打开盖子检查火是否熄灭，这时的景象总能给人留下特殊印象。重新点火时非常猛烈，并伴有"嘶嘶"声。现在再把盖子盖在金属桶上，但这次试验员要等到火被扑灭。因此，试验证明，窒息火焰需要一段时间。

▲6.13.8　燃烧的手帕不会烧掉

所需物品：

（1）耐火手套；

（2）手帕（棉）；

（3）镊子；

（4）酒精/水混合物（2:1）；

（5）火柴；

（6）收集器皿。

用镊子将手帕浸入由两份酒精和一份水组成的混合物中，接着手帕被举在收集器皿上方。现在，手帕被一根燃烧的火柴点燃，形成了一团火焰。

过了一段时间，火焰熄灭了，观众会很惊讶于手帕没有烧掉。原因是什么？酒精燃烧后，水留在手帕上。所以手帕只会变湿，不会燃烧。

▲6.13.9　焚烧固体可燃物

1. 木材气化过程

所需物品：

（1）一块木头；

（2）火柴；

（3）厨刀；

（4）喷灯；

（5）木丝填充的阻燃试管；

（6）带塞子的玻璃管；

（7）三脚架、十字夹。

已经说明，对于火的形成发展，燃料、氧气和点火源必须在时间和空间上一致（见1.1节）。

这就是当一块木头（可燃物）被火柴（点火源）点燃（空气中的氧气）时遇到的情况。这块木头不会以这种方式被直接点燃，因为没有释放足够的气态碳氢化合物。只有从木头上切下一块木片才会起作用。当把正在燃烧的火柴放在木片上时，它就会燃烧。

只有释放出的气体才是可以燃烧的。图6.40特别说明了这一点。

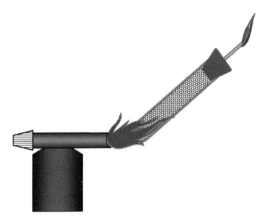

图6.40　木材气化过程

在阻燃试管中，装有经过仔细干燥的木丝。试管用塞子封闭，塞子中嵌入了一只玻璃管，如截断的玻璃吸管。这个装置是用十字夹固定在三脚架上的，这样吸管的开口呈对角线向上。

现在用喷灯的火焰加热耐火试管并缓慢地来回移动。可以观察到玻璃管中的木丝如何碳化以及气体如何生成，这些气体在玻璃管的开口处排出。

这些气体可以被燃烧的火柴或气体打火机点燃，形成一小团火焰。

试管中的木丝不会燃烧，但由于热效应而释放的气体会燃烧。

2. 焚烧粉尘堆

所需物品：

（1）观察玻璃；

（2）茶匙；

（3）可燃粉尘（如聚丙烯腈）；

（4）火柴；

（5）漏斗；

（6）玻璃熔块；

（7）护目镜。

用茶匙将可燃粉尘放在观察玻璃上。当把一根燃烧的火柴插入那堆粉尘时，它就会熄灭。

现在这些粉尘被漏斗填入玻璃块中，并通过呼吸吹气使其旋绕起来（戴上护目镜）。粉尘云将被燃烧的火柴点燃并产生火焰喷射（见 1.1 节和 1.2.2 小节）。

成堆的粉尘不能点燃，因为混合物太浓了。另外，分散粉尘的单个颗粒可能会被火柴的火焰点燃，而这种方式释放的热辐射会引发连锁反应，从而导致火焰喷射。

参 考 文 献

Takahashi, Y. (1979) Two hundred years of Lichtenberg figures. *J. Electrostat.*, 6 (1), 1-13.

第 7 章　案例研究

在我们生命中的大部分时间里，总会试图通过将自己的问题与人类同胞的类似困难进行比较来解决问题。同样，也可以获得对自己有益的问题解决方案，这种获取似乎不受标准和法规的影响，可以用一句格言"从别人的错误中学习"来描述。所以，可以理解以下的"案例"，这些案例是在大约30年的时间里收集的。

首先建立了一套调查系统，以帮助重建高概率损伤序列。

除了以澄清事故为基础的主要关注点外，从调查报告中得出的有关事件发展的结论还应考虑到以下几点。

(1) 几乎不可避免的是，对事故过程的每次调查都会导致责任和费用的分摊。对调查行为的批评在所难免；有时需要其他专家的参与。

(2) 应在澄清事件的基础上制定措施，以便可靠地防止今后发生此类事件。

(3) 通过损害调查，专家们可以开发出新的"先进技术"，这些技术将反映在日后的标准和法规中。

因此，损失的确认必须进行彻底和完整的记录，以便在任何时候都能理解该事件。

7.1　调查策略

在调查火灾或爆炸事件的原因之前，应该制定策略。

为了确定根本原因，应考虑与事故相关的所有可能情况，记录所有点火可能性。

所有能释放能量的过程都可以被认为是点火源，其能量（如空气混合物中的能量) 会点燃相关的可燃材料见表 7.1。

表 7.1 点火源

序号	点火源种类	举 例
1	热表面	加热管、旋转部件、电气设备外壳、机械制动器、灯泡
2	火焰，热气体	废气、火炉、自动焊接、干燥装置、蜡烛
3	机械生成火花	磨料加工（研磨、抛光）、燧石气体打火机、冲击、摩擦
4	电气设备	接通、切断电路、短路、闪络、带集电器的电动机
5	杂散电流	瞬变电流、阴极防腐保护、电气化铁路的反电流
6	静电	静电引起的气体放电：电晕放电、刷形放电、传播刷形放电、锥形放电
7	闪电	闪电本身、周围线路的磁感应、避雷器的加热
8	高频范围电磁波	无线电和电视发射机、微波炉、相关医疗和军用设备、手机的周围
9	光学范围电磁波	激光、闪光灯、集中辐射（镜头、反射器）
10	电离辐射	放射性物质的紫外辐射、X 射线以及 α、β、γ 辐射
11	超声波	超声波清洗、超声波检查、塑料的超声波焊接
12	绝热压缩	气体快速压缩的热量、管道中的冲击波
13	化学反应	放热过程（如聚合）、生化过程、自燃固体

40 年前对点火过程进行的科学研究给出了 13 种不同点火源的定义，这个数字直到现在都没有改变，并被全世界所接受。可以找到这些点火源的清单，如在德国的 TRBS 2152[1] 中，此处通过示例进行讨论。

7.1.1　点火源

当考虑这张点火源清单时，电工术语的主导地位是显而易见的。第一批编撰这份清单的正是"电工防爆"专家。评判这份国际公认的清单并不是这里的重点，而是如何更好地利用它来工作。一般来说，调查必须先逐一检查所有列出的点火源，以便尽可能多地排除不适用的点火源。然后，只会留下几个必须接受仔细检查的场景，有希望从中找到实际的点火源。因此，一些不适用于设备描述的点火源可以被标记出来。对于其他点火源，如电气设备，总是需要咨询负责的专家，由专家确认适当的系统安全情况。这同样适用于化学反应；合格的化学专家必须对整个故障范围进行讨论，如产品的混合和污染情况。

7.1.2 一般方法

另一个要点是尽快开始调查，也就是说，在受影响的工厂仍然"温暖"的时候。如果只是在清理工作之后才开始调查，甚至是基于事故报告（照片很容易被篡改），那么事件的发展进程实际上只能通过貌似可信的证据来核实。

有时，订购方会尝试提出方案。经验表明，用静电电荷作点火源是理想的，通常是为了分散人们对其他故障的注意力。在这种冒险中，保持距离是绝对必要的，因为从长远来看，几乎没有人会从错误的许可中受益。采取严格的方法是明智的。

对静电点火的分析，一方面是指出充电是如何发生的、在哪里可能积累；另一方面，必须验证可燃混合物和点火气体在时间和地点上的一致性。

根据从许多调查中获得的经验，损害的发展总是复杂的。事实上，在工业事故中不应该有简单或快速的解释。如果安全条例得到遵守，微不足道的错误几乎不会成为问题。通常，在事故发生之前，必然同时出现几个错误。有了必要的保护，应始终注意几个明显且简单的原因，如忽略吸烟禁令、忘记连接接地夹具、穿着可带静电的衣服等。

这同样适用于诸如"为了安全，我们做了更多"这样的表述，如所有法兰连接，无论是否导电，都有一个清晰可见的桥接。

7.1.3 湿度的影响

当归档这些案例研究时可以很明显地发现，大多数事件发生在寒冷的季节，也就是空气湿度低的季节。这很容易理解，因为根据季节的水分活性，所有材料都会从周围吸收或多或少的潮湿空气，它们的电阻相应降低。最重要的是，这适用于服装和鞋类。

空气湿度对陶瓷地板的漏电阻也有很强的影响。由于地板经常最终消散危险的高量电荷，因此空气湿度和静电事件之间的相互关系变得特别清楚。

另外，可以推知高湿度的空气可以很好地防止静电充电的危险。事实上，根据20世纪50年代甚至60年代标准的建议，在空气湿度大于65%的情况下，不会再存在危险的高量电荷。目前，这一建议已不再适用，因为低水分活性的塑料，如聚乙烯和聚丙烯，在静电事件中占主导地位。此时，空气湿度对静电的发生失去了影响。

此外，高空气湿度会损坏设备和设施，这些损害被归类为工作复杂性问题。

7.2 由于刷形放电引起的点火

7.2.1 将片状产品倒入搅拌容器中

装有有机薄片的120个聚乙烯（PE）袋被送入一个$10m^3$的不锈钢搅拌容器中。搅拌容器事先用水冲洗，在氮气压力下排气，加热干燥。然后关闭容器口，以保持容器清洁，无空气。

这项工作在一个星期五的下午完成；在接下来的周一早上，工人们开始将这些薄片放入容器中。当第86个袋子被清空，容器大约满了一半的时候，突然一股火焰从容器口喷射出来，导致一名工人被烧伤。幸运的是，他戴着护目镜和头盔，眼睛和头发没有灼伤。火焰没有使容器或产品变黑，但聚乙烯袋和头盔部分都因高温而皱缩。

管理部门立即排除了化学反应因素，认为这种不寻常的现象只可能是由静电放电引起的。

首先，考虑到存在的13种点火源（表7.1），并对该事件进行了研究，其结果是，实际上只有静电成为导致事故的问题。

现在的任务是确定如何在容器中形成爆炸性环境。因此，我们开始对事故进行彻底调查，包括检查与容器的所有连接。有一根管子以前曾用来向容器中输送环氧乙烷，但已经闲置了很长一段时间。它有两个串联连接的截止阀。在值班手册中可以看到阀门已经在水压下进行过测试，结果显示连接紧密，测试报告已被记录。关闭阀在5bar（0.5MPa）的水压力下再次测试两次，发现密封性很好。

由于没有可燃物质被送入容器，尽管两个阀门都经过了测试，但对环氧乙烷的怀疑再次出现。实际上，用环氧乙烷在低得多的压力下（0.2bar）测试阀门，发现了一个小的泄漏，泄漏足够强，在点燃小火焰后还能继续燃烧。

知道了这个泄漏点就能确定地重建事件的经过：在周末长时间的停工期间，环氧乙烷慢慢渗入容器；由于它的密度比氮气高，所以它在容器底部积聚，从而将氮气从没有被严密关闭的容器检查孔排出到外部。

在将产品倒入容器时，环氧乙烷被从底部向上排开到产品倾斜的侧面，直到它到达顶部的开口。在开口处它可以与空气混合，产生可燃混合气，被聚乙烯袋产生的刷形放电引燃（环氧乙烷的 MIE 为 0.07mJ）。

结论 气密性试验与压力试验应区别对待。但是，仅用液体进行压力测试是绝对正确的，因为液体是不可压缩的，不会导致物体爆炸。但在这种情况下，就必须进行气体泄漏方面的气密性试验。气孔对气体的透过率总比对液体的透过率更高。

无论如何，设备上所有不必要的管道都应该断开。应注意的是，建议在闲置几天后，使用前的短时间内再次用氮气吹扫容器。

7.2.2 聚乙烯内衬滑出纸袋

将无机粉末从装有聚乙烯内衬的纸袋中清空，放入含有苯和甲醇混合物的搅拌容器中，温度为22℃。该容器连接到一个弱送气装置，以防止打开装载舱盖时溶剂蒸气逸入厂区。

当袋子被清空后，在装载舱口自发地出现火苗，工人受到轻微伤害。在当时的情况下，由于所有其他点火源，特别是无意的化学反应，可以可靠地排除为事故原因，因此只需要考虑静电问题。

由于工人穿着耗散鞋，站在导电地板上，火花放电可以被排除在外。此外，在附近没有其他的隔离导体。因此，从带电的聚乙烯内衬产生的刷形放电被认为可能是引起点火的原因。然而，带有聚乙烯内衬的手提式纸袋通常不会产生危险的静电（纸张——或多或少的耗散——屏蔽了聚乙烯内衬的电荷）。

通过目视检查略微烧焦的纸袋，令人惊讶的是没有聚乙烯内衬；接着在纸袋的上端检测到熔化聚乙烯的圆周接缝；最后在容器中发现了熔化的聚乙烯箔片。

检查该批次的其他袋子，聚乙烯内衬只在纸袋的上端有一个圆周接缝固定在纸袋上。所以，聚乙烯内衬可能在为了完全清空而进行的振摇过程中滑出了纸袋。

根据工人把纸袋里的东西倒进容器的方式，聚乙烯内衬要么留在袋子里，要么和剩余的产品一起滑出袋子。当然，它不会掉到容器里，因为纸袋上有它的附着物。为了了解静电效应，重要的是要知道聚乙烯内衬是否留在袋内。假如它还留在纸袋内，它上面的电荷会被与其相似的反极性电荷屏蔽，反极性电荷是通过已经接地到工人徒手握住它而感应到纸袋上的。

但是，如果聚乙烯袋从纸袋中滑出，则屏蔽效果会大大降低，聚乙烯袋上的电荷会自由释放，导致装载机舱口内侧的刷形放电。刷形放电能够点燃最佳可点燃蒸气/空气溶剂混合物（MIE 约为 0.2mJ）。由于通气力弱，这样的混合气会出现在装载舱口的内部区域。

结论 已证实的聚乙烯内衬纸袋不应以此事件为由被归类为危险可充电物品。聚乙烯衬垫与屏蔽纸袋始终紧密接触是具有决定性的因素，通过完全黏附可以很好地满足这一需求。

▲7.2.3 抗静电聚乙烯袋导致的点燃

当将产品从聚乙烯袋（没有外部纸袋）清空并装入含有爆炸性气体的容器中时，必须考虑到能够引起燃烧的刷形放电发生的可能性。如果使用聚乙烯作为包装材料，则应使用适当的抗静电剂使其具有抗静电性能，或将其粘在纸袋上以提高屏蔽作用。在目前的情况下，首选前者。聚乙烯在生产过程中加入了抗静电剂，抗静电剂向薄膜表面迁移，从而降低了薄膜的电阻。根据 IEC/TS 60079-32-1[2]，聚乙烯的表面电阻率应小于 10GΩ，这个值很容易实现。由这种材料制成的袋子上标有"防静电包装"字样。

我们了解到，在一家客户的工厂发生了爆炸，当时一种颜料粉末从一个标有"防静电包装"的聚乙烯袋中被倒进了含有甲醇的反应容器。有关人员对这一事件感到十分惊讶，并迅速召集我们开始对事故进行非常彻底的调查。在了解到这些袋子是由抗静电聚乙烯材料制成的后，我们起初排除了它们是静电放电源，并怀疑发生了放热化学反应。然而，由于这是一个在室温下进行的简单溶解过程，这个想法没有被继续探讨。此外，由于工人穿着耗散鞋，站在接地的金属格栅上，人体产生能够引燃的火花放电的可能性也被排除了。因此，嫌疑落在了聚乙烯袋上。也许是贴错了标签，不含有抗静电剂。事实上，被怀疑的袋子的残余物和其他仍然装满货物的袋子的表面电阻率是 10TΩ！这些结果表明，事故的责任可能在于生产抗静电袋生产厂家的疏忽，现在可以把案例存档了。然而，抗静电袋生产厂家坚持认为生产线没有任何改动，可以通过对袋子进行随机测试来证明这一点。这使我们怀疑抗静电剂的作用可能会随着时间的推移而减弱，所以在 23℃、50% 相对湿度的标准气候下通过一系列试验来检查这一点。在 6 个月以上的选定时间内测定了自由悬挂袋子的表面电阻率。结果发现，这些值始终在 10GΩ 的一个数量级的预期范围内。

一般来说，抗静电剂是高黏度的液体，以不同的方式加入聚乙烯中。它们的蒸气压应该尽可能低，以免逃逸到周围的大气中去。前面提到的存储时间检查，证实这一需求得到了满足。

在这个阶段，我们开始认为，除非颜料粉和抗静电剂之间有某种形式的化学作用；否则没有办法解决这个问题！这个想法被化学家否定了，因为无论是抗静电剂还是色素都不是高度活性的。随后我们认为在抗静电剂、色素和聚乙烯之间可能存在三方面的相互作用。

进一步的研究表明，抗静电剂与聚合物不相容，因为它太容易迁移到表面，尽管由于其较低的蒸气压，抗静电剂通常会在表面停留很长时间。然而，当一种低粒度的材料与一层抗静电剂接触时，抗静电剂会呈现出很大的表面积。在这种情况下，抗静电剂扩散到颜料中，造成了聚乙烯袋电阻率上升到上面引用的很高的值。确实，后来的研究证实，一些非常细的颜料粉末可以迅速（几小时内）吸收聚乙烯中的大量抗静电剂，从而使其失去抗静电性能。

结论 经过抗静电处理的聚乙烯箔片不能确保其永久保持足够低的表面电阻率。因此，进行测试必须包含将要装在聚乙烯袋中的材料。

▲7.2.4 从聚乙烯袋中振动出细粉尘（杂系混合物）

正如4.6.3小节所讨论的，在专家看来，刷形放电，如当处理可充电的包装材料时，不能点燃可燃粉尘，但可以点燃可燃溶剂的蒸气。因此，允许将易燃粉末从聚乙烯袋中倒进一个空的500L不锈钢容器中。

一间工厂已经采取所有避免静电火花的安全措施，特别是对于参与工艺流程的人员。配备耗散地板，工作人员穿戴耗散鞋和手套，将所有金属部件接地（图7.1）。

容器顶部有盖子，可以部分打开。在容器的下部有一个翻板阀，通过它，准备好的一批制品可以倒入放置在下面的运输容器中。

几个月后得到消息，在填充容器时发生了爆炸，一名工人被火焰束烧伤。由于没有

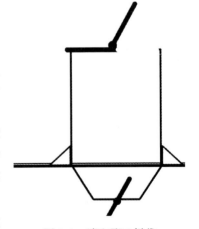

图 7.1 清空聚乙烯袋

发生火灾，因此没有展开消防行动，可以在事故现场进行调查。可以清楚地证明，起火发生时，工人刚刚把聚乙烯袋里的粉尘振动掉。

由于测量结果显示地板和鞋子是耗散的，对人体带电的怀疑很容易被消除。由于只有一个袋子里的物品被抖出，因此工人当时站在一个已经清空的塑料袋上而与地面隔离的这种偶发情况也可以排除。

容器中烟灰痕迹使人产生了粉末无疑已被燃烧的假设。因此，在这个案例中，有强有力的证据表明刷形放电最终导致了粉尘的点燃这与专家的观点相反。

因为我们想知道容器在装满粉末之前是否真的是空的，所以询问了工作人员。被告知，因为他们在处理药品，所以一切都必须完全清洁，容器肯定是空的。因此，可以排除其他易燃材料甚至污染物引起的。

现在我们想知道容器是如何清洗的。清洗涉及以下操作，必须按顺序进行：

（1）添加洗涤剂并用清水漂洗；
（2）用脱盐水漂洗3次；
（3）乙醇/丙醇混合物消毒；
（4）自然空气对流干燥（盖子和翻板阀打开）。

由于每天只生产一批，需要几个小时来烘干。为了达到必要的对流，盖子和翻板阀一直保持打开状态。

但这些过程在开始运行后不久，就错过了一次关闭翻板阀，出现了绝对不希望出现的情况，致使填充在容器顶部的产品掉落在地板上。为了排除这种事件的复发，在消毒后，人们假设容器几乎已经干燥好了，随后默认立即关闭翻板阀。

然而，这没有考虑到一些可燃蒸气，因为它们的密度比空气高，可能会留在干燥的容器中。

因此，在发生事故的那天，由聚乙烯袋和处于最易燃条件的乙醇/丙醇/空气混合物引起的刷形放电可以在容器的盖子处重合，从而导致蒸气着火，可燃粉末旋转起来并被点燃。

结论 在操作过程中，即使是微小的变化也要从可能的危险角度加以检查。

同样与此相关的是，刷形放电不会点燃可燃粉尘/空气混合物。然而，如果有可燃液体的蒸气存在，即杂系混合，则刷形放电将产生风险。

▲7.2.5 泵送受污染的甲苯

小错误有时可能导致毁灭性的结果!

为了经济和生态的目的,建立了一个回收污染甲苯的新工厂,替代甲苯的焚烧处理。正像大型项目经常出现的情况那样,工厂的某些部分并没有按时完成。在这种情况下,最终没有安装通往污染甲苯回收站的管道系统。

这意味着,储存在一楼收集罐中受污染的甲苯必须通过泵入金属桶来处理。然后卡车将装满的桶运到回收站,并将空桶送回。一名工人负责将受污染的甲苯倒入钢桶中,同时还要负责避免从收集罐溢出,因为任何溢流都会自动关闭整个过程。

管理人员很清楚这个临时的安置处所的危险,并采取了有关的防静电措施:

(1) 安装了接地泵,将甲苯通过耗散软管输送到钢桶中;

(2) 为了保证钢筒的静电始终可靠消散,设计了接地钢格栅,特别是放置待填充钢筒的地方。周围的地板是易耗散的,工人穿着易耗散的鞋子。

通过这些预防措施,工人或金属桶产生火花的可能性似乎被消除了。但是,一辆运送空桶的卡车在夜班时发生了引擎故障,这引发了一连串事件,最终导致混乱。

工人被告知,必须分派另一辆卡车,这很可能造成运输的延误。随着时间的推移,操作人员发现他已经装满了所有可用的金属桶,而收集罐几乎还是满的。他拼命地寻找着另外的桶,最后终于找到了一只。这个桶是用聚乙烯而不是钢做的,但由于缺乏关于危险静电电荷的更多知识,他并没有担心这样做的后果。

他在使用时没有意识到或注意到绝缘材料在这种情况下会产生静电危害。软管挂在塑料桶里,水泵打开了。不久,一股火焰从桶里喷了出来。这名工人找到了一个方法,立即跑去找水管,试图把水倒进桶里灭火。但预期的灭火效果并没有出现,反而变得更糟:水推移燃烧的甲苯越过桶的边缘,导致火焰蔓延。这个不幸的人知道他的灭火努力失败了。然后他放弃了自己的灭火努力,没有关掉水泵就跑去叫消防队了!由于甲苯的稳定流动,大火蔓延到附近的满桶,桶也着火了。现在,这位急切的工人在这种可怕的情况下采取了唯一正确的行动:他跑出了大楼,在加热的金属桶爆裂并点燃巨大火焰之前冲到了安全的地方。即使是勇往直前的消防队员也被火势的不可抗力所震撼,他们没有试图扑灭大火,而是尽力保护周围的建筑。

新工厂被大火完全烧毁了,不得不作为总损失摊销。事实上,这场灾难被认为是由静电引起的点火。因此,似乎没有必要进一步研究其他火源。

由于这场巨大的混乱,没有人真的会为此受到指责——即使是静电专家有时也会发现自己身处火线——为了更好地理解,他们决定重构这次事件。

同样,污染的甲苯也被用于重构试验。它的导电性为 100pS/m。因此,它具有可静电充电的特点。

当甲苯流过管道时,它就会带上静电。当这种液体被注入一个接地的金属桶时,上面的电荷很容易就会消散到地面上。但当将液体送入塑料桶时,电荷会积聚到一定程度,以至于在导电软管和逐渐接近的液体表面之间会发生刷形放电,从而点燃甲苯/空气混合物。后来的试验证明了这一点。

结论 要么警告工作人员不要使用塑料桶装载易燃液体,要么最好将塑料桶放在爆炸危险区域之外。

最重要的是,必须教会人们如何灭火。切勿用水与不能和水混溶的燃烧液体混合。

在本案例的情况下,只要在燃烧的桶上盖上盖子,火就可以被扑灭。

▲7.2.6 玻璃纤维织物浸渍

在加工厂发生意外火灾后,静电专家有时会被问到,为什么在多年使用相同的操作方法后突然发生点火。人们总是可以给出一个一般性的回答,静电放电在大多数情况下是非常微弱的,因此只能点燃最佳可燃环境。但是,仅仅依靠这个事实而不检查所有其他可能性是愚蠢的。

为了更好地理解,首先描述一下工艺步骤:不同的生产商将未经处理的玻璃纤维卷送到临时仓库。在浸渍车间中羊毛从卷筒中展开,通过加热管道进行预干燥,然后进入浸渍室,在浸渍室中,羊毛浸泡在含有溶解在甲基-乙基-酮(闪点为-4℃)中的树脂的浸渍槽中,随后通过一个暖风机用于聚合树脂。

在事故发生前,未经处理的羊毛在浸渍室中发生断裂,这个问题几乎每天都会发生,并已通过惯例得到解决。发生这种情况时,将浸渍槽降低,使回风管道和羊毛不再浸泡在环氧树脂中。然后,还未经处理的被堵塞的羊毛被迅速地从回风管道拉出,重新连接到被撕裂的一端。

当工人正忙着从浸缸下拉出堵塞的羊毛,将其与撕裂的部分连接时,在树脂浸渍槽处形成了爆炸火焰，点燃了浸渍槽中的混合物，引起了一场大火，最终摧毁了整个浸渍室。

现在问题来了，在这种情况下，他们做了什么不同于日常惯例的事情。所有的火源都考虑到了，但最后只有静电与这个事情有关。

静电学专家对羊毛干燥时的静电特性特别感兴趣。这是处理羊毛的一个重要步骤，因为与所有聚合物处理一样，过多的水分是不可取的。通过改变加热管道的温度，将羊毛中的水分水平控制在一个最佳值。

事故发生前加工的批次中羊毛含有异常高的水分，需要操作人员将加热管道的温度提高到 90℃。事故发生时正在处理的羊毛的水分含量要低得多，但管道的温度并没有相应降低。操作员可能认为羊毛越干燥，树脂处理的质量就越好！后来的试验表明，过度干燥的影响是使羊毛的表面电阻率从通常的 100GΩ 提高到 10~100TΩ。

经验表明，对于 1m/s 或更低的处理速度，在电阻率低于 1TΩ 时不会产生显著的静电荷。然而，在 100TΩ 电阻下可以产生高电荷密度，这会导致具有点火性的气体放电。

结论 在加工速度高达 1m/s 时，在可燃蒸气氛围下，产品的表面电阻率不应超过 1TΩ。

▲7.2.7 充填管道被硫黄堵塞导致甲醇的点燃

将细致研磨的纯净硫黄从纸袋中倒入 6m 长的下降管道，并放入充满甲醇和少量溶解水混合物（燃点 13℃）的搅拌容器中。这一工序已经进行了大约 400 次，此时发生了爆炸，需要立即进行调查。

据一名目击者称，爆炸发生在最后一个纸袋被清空后大约 10s。在调查过程中发现，由于吸气装置堵塞，容器的排气系统非常薄弱。因此，可燃的甲醇/空气混合物能够向上移动到下降管道中。

众所周知，硫黄在移动时可以被高度静电充电，但是，没有人想到这样的充电会导致能引燃的刷形放电。

所有的化学反应都被排除在可能的点火源之外。为解决问题提供线索的是清空最后一个袋子和爆炸之间的时间延迟。在询问工人时发现，细小的硫黄会不时堵塞 $\phi300mm$ 钢质下降管道。根据这些信息进行了以下试验：

关闭安装在降落管道下端附近的滑阀，将一袋硫黄倒入其中。当阀门打开时，发现硫黄已经卡在了下降管中。当撞击下降管道时，硫黄被释放出来，产生约600kV/m的电场强度和强烈的射频信号，由无线电接收器检测到（见4.2.1小节）。测试重复了两次，得到了相同的结果，从而确定了带电硫黄引起刷形放电的可能性，这会点燃下降管道中的甲醇/空气混合物，然后将火焰传播到容器中。

结论 应定期对排气系统进行维护。

▲7.2.8 甲苯中的离子交换树脂

涂漆的搅拌容器发生爆炸，随后在容器顶部装有碎玻璃的冷却器中起火。该容器用于从甲苯（沸点111℃）中蒸馏出水，在几个小时的冷却过程中，搅拌器一直运行。事故发生时，该容器的温度已降至20℃。这一点很重要，因为在这个温度下，空气中的甲苯蒸气是最容易点燃的混合物。

除了现在不含水的甲苯外，容器中还含有一种以小珠状形式存在的离子交换树脂（聚苯乙烯）。众所周知，与可充电液体混合的物质，如甲苯，往往会产生很高的静电电势，静电是事故的明显原因。由于人们普遍担心在易燃液体蒸馏过程中可能产生静电危害，因此在实验室规模上进行了一项测试，以查明是否分别搅拌无水甲苯和添加了固体成分的无水甲苯会造成危害。为了模拟涂漆容器的条件，在锥形瓶中使用玻璃搅拌器，锥形瓶外表覆盖着接地导体（铝箔）。电荷由一个小型独立通风的电感应探头监测。

结果非常显著。单独搅拌无水甲苯产生的电荷微不足道，几乎无法被探针检测到（20V）。在甲苯中加入一定量的树脂，相当于甲苯质量的0.2%，搅拌时电势升至400V。当树脂用量增加到甲苯质量的4%时，搅拌过程中的电势可达1.8kV。这个可重复的试验令人信服地表明，搅拌甲苯和树脂的混合物会产生危险的高电势（大于1kV）。由此可见，在实际情况下，静电点火是很有可能发生的。

但是，剩下的问题是可燃气体放电的方式和地点。鉴于在被搅拌的液体表面有相对较高的电势，可以预期，从任何金属装置到带电液体的刷形放电是可能的。在20℃时，这种放电能够点燃最佳可燃碳氢化合物/空气的混合物，如甲苯蒸气和空气。

结论 在这个案例中，不能安全地排除静电点火源，只有对惰化过程加以监测是可推荐的安全措施。

7.2.9 大型储罐发生的两次爆炸

2014 年 1 月，一个部分充满甲苯的 4000m^3 浮顶储罐，在消防设备演示过程中发生爆炸，随后发生火灾。

然而，第二次世界大战后德国最严重的爆炸事件（29 人死亡），于 1954 年 9 月 23 日发生在比特堡/埃菲尔附近的下斯特德姆，受影响的是一个体积为 5000m^3 的顶部固定的储罐，在演示灭火设备时部分装满了煤油。

两起事件之间相隔 60 年，但都有以下共同特点：

(1) 受影响的是大型储罐（体积大于 1000m^3）；

(2) 消防设备演示过程中发生爆炸；

(3) 极有可能是静电引起的。

在这两个案例中，都怀疑存在高量的静电充电，但将其确定为刷形放电还是火花放电是不可能的。

1. 浮顶储罐爆炸后起火（2014 年）

储罐内灭火系统的原理是用灭火泡沫覆盖液体。为此，使用以下装置：储罐通过一根数米长的钢管与灭火设备连接，产生灭火泡沫。泡沫的运输是通过位于管道内的塑料软管进行的，塑料软管被平铺并收紧。塑料软管在灭火泡沫的加压作用下放松展开，在撤下储罐外壳的安全屏障后，软管到达储罐内部接近底端的部位。由于灭火泡沫相对于容器中的液体较轻，软管的出口会浮到表面，在那里将泡沫分散。

进行测试时，为了节省成本，计划解开塑料软管，将自来水而不是灭火泡沫从消防栓中注入附近的空水箱。由于水箱的标签颠倒了，塑料管被自来水推着到达另一个水箱，它位于空水箱旁，里面有部分甲苯。那里一分多钟后发生了爆炸，随后发生了猛烈的火灾。因为甲苯不能与水混溶，所以火无法熄灭。

由静电引起的点火似乎是最明显的，同时讨论了两种静电点火的场景。

(1) 委派顾问的观点是，塑料软管在解旋展开时带电，导致甲苯蒸气/空气混合物着火。然而，为什么爆炸发生的延迟超过一分钟，仍然需要解释。

(2) 由于塑料软管中充满了比甲苯密度更高的水，所以无法浮起来。这导致自来水快速流入水箱的下部，由于它与甲苯不相混，根据经验，可能会发生静电。在缺乏空气和氧气的情况下，点火是不可能的。当带电的甲苯/水混合物到达液体表面时，才会出现易燃的甲苯蒸气/空气混合物，可以被刷形放电点燃。

因此，从水涌入到爆炸之间的时间延迟是可以理解的。

2. 比特堡附近的爆炸灾难（1954 年）

根据德国布伦瑞克市联邦物理技术研究院（PTB，德国标准计量机构）的信息

北约在比特堡空军基地建立了一个油库，由 6 个地下储油罐组成，每个储油罐的容积为 $5000m^3$。在将其投入第一项任务的前几天，接纳议定书将由北约军事当局和德国鉴定专家汇编。为此，将通过 2 号罐的测试运行对灭火装置（CO_2）进行演示。

储罐是一个直径 $30m$ 的圆柱体，由钢制成，表面覆盖 $0.3m$ 厚的钢筋混凝土，嵌入土壤中，罐顶覆盖了 $1.5m$ 厚的土壤。

作为安全措施，油库提供了由 120 个 CO_2 气瓶组成的灭火装置。当温度达到 70℃ 时，位于罐体上部的温度传感器将释放灭火装置。

从今天的角度来看，这种灭火装置的有效性是非常值得怀疑的。

当运行灭火装置时，北约委员会将出席。为了完成这项任务，委员会的 40 名成员聚集在罐顶上方的土壤上。

灾难过程 由于时间紧迫，2 号储罐只能注满 27%（$1350m^3$）左右的煤油。然后，将其中一个温度传感器（熔丝连接）拆卸下来，浸入一个装满 90℃ 热水的桶中进行激活。

由于这只是一个功能测试，出于节约成本的原因，决定只释放 120 个气瓶中的 12 个，并通过安装的环形回路系统将气体吹入储罐中。

将温度传感器浸入热水后，灭火系统如期启动，警报信号响起，灭火气体"嘶嘶"地进入管道。随后发生了沉闷的爆炸，罐顶和泥土裂开，一股火焰喷出，估计有 $100m$ 高。

寻找原因 从这一事件来看，关于在容器的气体空间中是否存在爆炸性混合物这一问题是多余的。找到相应的点火源更为重要。能够提供的第一个证据是，爆炸不是由从外部进入油箱的火焰引起的。对于储罐内部，可以排除所有可能的点火源。甚至对军方一直考虑的蓄意破坏行为的怀疑也被否定了。因此，指定的调查委员会得出的最终结果是，灾难的原因无法查明。

一年多后，以下事实在专家眼中显现出重要意义：据悉，人们在使用手持灭火器时，不时地会感觉到触电。这可能归因于当液态 CO_2 离开喷嘴系统时会发生膨胀；它形成了 CO_2 气体和 CO_2 雪花的混合物。与以往通过气动方式

输送绝缘粉尘将产生静电一样，CO_2 雪花也可能产生静电。这促使联邦物理技术研究院开始研究压力容器排放的 CO_2 的静电充电。其结果是，在已安装的导电系统部件处，带电的 CO_2 云以及紧实的 CO_2 雪花堆积可能导致能够引起点火的刷形放电。

与此同时，欧洲工业气体协会也发表了与 CO_2 惰化有关的致命事故的类似报告。

结论 某些类型的压力灭火器系统，特别是含有 CO_2 的系统，会产生高量充电的空间电荷云，这些电荷云可能引发静电气体放电，能够点燃易燃液体的蒸气。如果火灾已经存在，这就无关紧要了。但是，在没有火的情况下，只要没有证明不存在爆炸危险，这种系统就不应该用于演示、测试或惰化等目的。

1956 年，联邦物理技术研究院的科学家海德堡和舍恩能够证明，在这些条件下 CO_2 雪云引起的强烈刷形放电是 1954 年比特堡灾难中煤油蒸气点火的原因。

7.3 与传播刷形放电有关的案例研究

当高强度或重复的静电充电过程作用于导电表面的绝缘层或涂层时，与其他静电放电相比，可以发生非常高能的传播刷形放电。它们不仅能点燃气体和粉尘，还可能引起绝缘衬里的电击穿，造成针孔损伤，最终导致材料劣化。

▲7.3.1 轨道车散装货箱爆炸

一种气动输送系统用于将丙烯酸粉从料仓输送到轨道车散装集装箱，为便于处理，系统中直径为 50mm 的钢管被柔韧的聚乙烯管取代。由于没有找到适合整个长度的聚乙烯管，所以只能用 150mm 长的钢管连接两个聚乙烯管段。

在一个雨雪交加的冬天，改造后不久的集装箱发生了爆炸。容器中唯一可能的可燃混合物是丙烯酸粉末和空气。

开始调查时发现，系统的每一个金属部件（管道、阀门、散装集装箱等）已接地，除了两段聚乙烯管之间 150mm 长的金属管接头外。接头的对地电阻和电容分别大于 $10T\Omega$ 和 $12pF$。由于粉末在气力输送过程中会带电，将注意力集中在隔离的金属接头的充电上，假设它是燃烧性火花的来源。我们估计接头上的电势为 20kV，对应储存电荷能量为 2.5mJ。当然，对于粉尘/空气混合物的点火来说，后一个值显得相当小。管道内火花放电可能发生的位置也不确定。

但是，由于当时没有其他可以想到的解释，接头被认为是火源。因此，解决这个问题的方法是确保接头可靠地接地。

管道修复后，将导致事故的接头接地，更换损坏的轨道车，输送系统又重新启动了。令人惊骇的是，一个紧急电话通知我们，输送系统运行了几分钟后又发生了爆炸！我们对这一消息感到震惊和困惑，而且意识到要保证系统的安全，必须迅速采取行动。在与工厂管理层达成协议后，我们开始重新运行该系统，但现在通过它的是氮气而不是空气，以排除爆炸危险。通过对设备上多个位置的场强进行监测，并使用射频接收器检测所有气体放电，希望找到点火源。事实证明，没有必要使用手头的测量设备，因为实际上可以看到半透明的聚乙烯管道内的闪烁，聚乙烯管连接到轨道车的金属管。火光几乎有 1m 长，还伴随着清晰的"噼啪"声。正如在此期间所了解到的，这些放电就是现在所说的"传播刷形放电"（见 4.3.2 小节），一种当时并不熟悉的高能量的放电类型。

聚乙烯管的外部存在雪和雨水，使其具有导电表面，并在多个地方偶然地接地。粉末对管道内表面进行充电，使管道外表面通过感应获得极性相反的相似电荷，从而形成双电层。在这种情况下，每一层都能达到非常高的电荷密度。当管道内的电荷密度足以引起电击穿时，在管道的大片区域发生放电，释放出相当多的能量，很容易点燃粉尘/空气混合物。这发生在聚乙烯管内部，甚至不需要管道本身的电击穿，而仅仅需要管道内部金属接头处的放电，接头被连接到接地轨道车的接地金属管，该放电所提供的场强就足够高了。

结论 在输送可燃粉末的气动系统中，不允许使用任何电绝缘材料，特别是作为管道或作为金属管道的内衬。

评论 这起事故发生在大约 50 年前。从那时起，我们对传播刷形放电产生了浓厚的兴趣，因为在该案例的书面工作完成后，专家收到了铁路管理部门提交的关于第二次损坏的轨道车散装集装箱修理费用的账单，总额有 5 位数！

7.3.2 带内衬的金属桶

一个带有聚乙烯衬垫的 200L 金属桶正被装入研磨过的聚合物产品。

在这个已经进行了无数次的灌装过程中,在桶内发生了出人意料的点火,造成火焰喷射。虽然没有人受伤,财产损失也较小,但值得关注,因为在粉尘爆炸危险区,此类事件可能会产生灾难性的后果。

立即受到怀疑的是静电充电,所以工业电工首先检查了桶的接地。事后看来,这仍然是正确的,并且因为事故期间没有人在附近,所以调查工作顺利完成了。

一旦走上正轨,即使是静电学专家也不会考虑任何其他火源,而是更精确地检查装填过程中的一些琐碎的过程(图 7.2)。

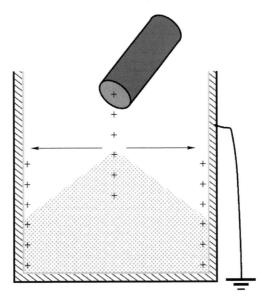

图 7.2 塑料内衬

图 7.2 显示了与静电相关的事件:带正电荷的粉末落入滚筒中,相应地形成带电的粉末堆。粉末本身具有很高的电阻率,否则就不会带电,因此即使没有绝缘衬垫,电荷也不会消散到接地的圆桶上。如何描述实际的放电过程呢?在布莱斯[3]发表的一篇文章中有一个基本的解释,指出电荷将通过沿着电场线的空气离子从粉末堆转移到桶壁上。只要它们能到达桶壁,就能被泄放到地面上。

但在即将调查的案例中，电荷运动受到了聚乙烯绝缘衬垫的阻碍。

电荷通过离子向桶壁转移，但衬垫阻止它们流入大地。因此，电荷传输在衬垫的内侧结束，电荷密度上升，最终导致电击穿，随后是传播刷形放电。

对粉尘来说，这种放电的可点燃性是毫无疑问的，但为什么它很少发生呢？因为电荷量很少高到足以使衬垫被击穿。但决定性的因素是，这种击穿实际上只发生在粉尘已经沉淀的地方，而不是卷起粉尘的地方。

只有卷起的粉尘可以被点燃，而沉积的粉尘不能被点燃。因此，在一般情况下，由击穿引起的微型穿孔往往被忽视。

结论 一般来说，不建议对此进行测量，因为这种点火很罕见。如果注意到存在极高的电荷量，如当手接近桶壁时有明显的放电，则建议在开始填充下一个袋子之前将接地的金属棒插入塑料袋中。

只有在 B 型柔性集装袋的情况下才考虑以下风险：涂层和内衬非常薄，电压在 4~6kV 内（见 4.6.5 小节）时就会发生击穿。已经证明，低于这个击穿电压的双极电荷不会产生传播刷形放电。

▲7.3.3 带内衬的塑料桶

当药品粉末（MIE 为 5~10mJ）从滚筒式烘干机中倒入装有内置聚乙烯袋的硬纸板桶时发生了爆炸。袋子通过一个环固定在烘干机的出口。事故发生时，工人正试图在袋子的顶部将快要装满的袋子徒手关闭，他被火舌烧伤，产品也着火了。

通过静电发出的"噼啪"声，人们意识到该产品是高度带电的。因此，起初人们认为带电粉末产生的电场使工人通过电感应带电。后来证明这是不可能的，因为对鞋和地板的测量指示出了不超过 100MΩ 的对地电阻。

当时，对金属桶内聚乙烯袋内衬的案例（见 7.3.2 小节）很熟悉，该案例是由传播刷形放电引起的事故，而在目前的案例中，我们想知道如何开展适当的探索性测试。事实证明，在徒手触发静电放电的同时，识别放电类型是非常困难的。用非常规的可视化试验来检测放电被证明是有效的。为了避免任何可能的点火，先用氮气使整个系统惰化。然后将该区域变暗，以使眼睛适应黑暗后能看到物体的轮廓。

我们当时所观察到的现象相当引人注目！当粉末落入袋子时，在粉末堆上可以看到色彩斑斓的光芒。当把手靠近袋子时，在袋子内部靠近手边缘的区域也可以看到同样的效果。

当双手快速向粉末堆移动时，观察到明亮的蓝色闪烁，并感觉到对双手的电击。当时，我们认为观察到的是传播刷形放电，但根据最近的知识，它们很可能是粉末堆放电（见4.3.2小节）。无论哪种情况，由于产品的 MIE 较低，点火总是有可能发生的。

结论 应将充填系统中的空气更换为氮气。此外，应始终跟踪工作人员报告的有关静电影响的信息。

▲7.3.4 消除静电干扰的失败尝试

一个研磨厂房发生了爆炸，接着发生了火灾，造成了毁灭性的影响。在研磨设备中，由于塑料颗粒对点火非常敏感，因此用氮气吹扫进行保护。根据目击者报告和损害分析，爆炸很明显是从筛分机（SM）开始的。在所有的部件中，筛分机恰恰没有包含在防止点火的惰化系统内这是因为筛分机必须较为频繁地打开，而且根据人们的一致意见，认为这里没有潜在的点火源。工艺流程的惰化在磨粉仓（MS）结束，蜂窝式轮闸（Z_1）挡住了磨粉仓向筛分机的通路。在另一个蜂窝式轮闸（Z_2）下方再次启动惰化（图7.3）。

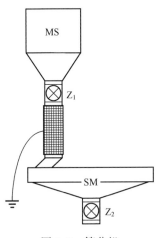

图7.3 筛分机

该区域潜在点火源（表7.1）仅可能为1、3、4和6。蜂窝式轮闸和筛分机的状态均未显示轴承热运行或异物损坏的迹象。筛分机的电力驱动系统在重构过程中也可以认为是无故障的。所以，只能归咎于静电（点火源6）。

首先，对整个工厂以及金属筛网布的接地系统进行检查，结果一切正常。

最终导致爆炸的事件链如下：在使用一段时间后，通往筛分机的不锈钢进料管因超载而堵塞，导致工厂停机时间过长。为了能够在堵塞开始形成时及时发现，在不锈钢管道中插入了一根 1m 长的半透明塑料管。检查了金属管道的接地后，工厂又开工了。现在可以检查粉末的流动并进行适当调整，以防止堵塞。不久之后，塑料管附近的工人抱怨被电击。毫无疑问，这是由移动的粉末在管内部产生的电荷所生成的电场引起的（见 2.8 节），该电场将电荷诱导到附近的工人身上。对于这个问题，有人想出了一个主意，将一个接地的铜线螺旋式地缠绕在塑料管上，认为这样既可以驱散有害的电荷，又不会遮挡管子内部的视野。这个想法立即奏效，提出这个想法的人赢得了同事们的感激。不幸的是，几小时后，发生了一声巨响，紧接着是分支系统里的其他几声爆炸。

令工厂经理惊讶的是，静电专家毫不犹豫地将问题诊断为塑料管内的传播刷形放电。铜线的作用是将从管内电荷开始并指向外部的电场引导到导线上，从而允许在管内建立很高的电荷密度，直至达到管壁的击穿电位，通过塑料管到铜线发生放电，将导致管内的传播刷形放电。然而，根据最近的知识，有一种观点认为，无论铜线是否安装在管子上，事故最终都会发生。来自塑料管中电荷的电场会以离子和带电尘埃粒子的形式，将来自附近的反电荷吸引到管的外壁，从而形成双极电荷系统（见 4.3.2 小节）。这可能导致在管内壁和外壁上形成非常高的电荷密度——相互绑定（双电层），并最终释放形成传播刷形放电。要在管内发生这种情况，并不需要管子本身发生电击穿，而只需在与接地金属管的连接处发生管道内部放电即可，那里的场强将非常高。避免在塑料管内发生传播刷形放电的唯一方法是在塑料管内侧插入接地的金属线。不幸的是，由于不断摩擦，电线会随着时间的推移而不断损耗，使可靠性降低。

结论 无论如何都不允许在可燃粉尘的气动输送中使用绝缘塑料管。

▲7.3.5 喷雾床干燥器起火

在"喷雾床干燥器"中，一种被水润湿的食品添加剂必须被干燥和颗粒化。潮湿物质（悬浮液）由高压从顶部注入到干燥器。在干燥器的底部，有一个用于造粒的流化床。在这个过程中产生的细元素（粉尘）被吸走并在气旋中分离。细粉通过反馈回路被输送到干燥器，注入到湿式给料机附近，以这样的方式结块形成所需的颗粒。

这是一个相对较新的工厂,在事故发生时只运行了6个月。

事故过程　配备CIP(原位清洗)系统的工厂在彻底清洗后重新启动。在进气温度为200℃、排气温度为100℃的条件下,干燥过程运行正常(图7.4)。

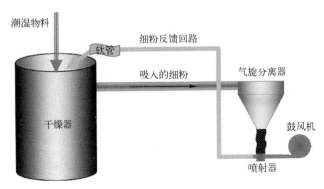

图7.4　喷雾床干燥器

启动约4个小时后,控制系统提示排气温度异常升高,并发出报警信号,工厂紧急关闭。能源供应和所有驱动器都停止了,但流化床的温度仍在升高,当消防队到达时,它已经着火了。首先,从外部用水冷却烘干机灭火。随后,通过盖子上的检查门灭火,着火的流化床才被浇灭。

调查　在消防队灭火工作结束几小时后,调查就能开始,这是非常有帮助的。

由于烘干器的防爆片仍处于工作状态,显然没有发生压力相应增加的爆炸,但流化床中的产物被完全燃烧。

为了调查起火原因,我们采取了简单的步骤。从设施说明中,可以排除以下点火源(表7.1):5、7、8、9、10、11和12。可以证明,由于烘干机的空气入口温度没有超过设定值200℃,甚至不必考虑点火源2。为了排除点火源3,检查了所有相关的机械火源,如鼓风机、泵等,发现一切正常。电力设施只要不因火灾而性能恶化技术状况也很完好。由于没有发现异常情况,也可以排除点火源4。通过对操作方法的充分讨论,甚至排除了火源1。

只剩下"静电"(6)和"化学反应"(13)两种点火源需要作最后的澄清。

在干燥系统中,由于温度过高和/或产品层过厚而引起放热反应的明显危险总是需要考虑的。因此,对点火源13给予了特别的重视,但自热试验耗时长,不能坐等,结果将在随后公布。因此,目前只能怀疑"静电"。

在工厂的管理方面,干燥系统完全使用金属等静电耗散材料构建。用于分离细粉的粉尘过滤器配有编织的导电线。

电阻率为200GΩ·m的干燥材料,无疑属于可充静电材料。因此,对于所有可以直接充电和/或通过电感应充电的导电部件,在干燥区域必须被可靠接地。在该案例中,清理工作尚未开始,所有剩余部件仍在原来的位置,这是非常有帮助的。因此,有可能证明所有相关的金属部件以及滤布的导电线都有充分的接地。

为了找到整个系统中燃烧发生的位置,检查了所有产品轴承管道和软管内部的烟灰痕迹。仅在烘干机和标记为导电的连接软管(长约600mm、直径80mm)之间的细粒反馈管中发现了烟灰沉积。但是在连接软管和气旋分离器之间的管道上没有烟灰痕迹。

为了能够更仔细地检查,这个连接软管被拆卸下来,以测量其两个连接件之间的电阻。结果大约是8Ω,这表明有足够的导电性。但这种低电阻只是基于一体的金属支撑螺旋结构。软管材料的内部和外部呈黄白色,表面电阻大于$10^{13}\Omega$。为了进一步调查,两个连接件都被拆卸,软管被纵向切成两部分,接下来就能欣赏到一幅非凡的画面:在距离输出侧连接器50~100mm处,看到了几个黑色的霜状烧痕,它们都是气孔开始发端延展,这些气孔位于金属支撑螺旋结构的上方。

毫无疑问,这是传播刷形放电产生的典型现象,就像在气力输送的绝缘管道中一样。控制测量显示软管内层与金属螺旋结构之间的电阻为10TΩ,从而确认了软管内壁的可充电性。

这种传播刷形放电能够点燃几乎所有可燃粉尘/空气混合物。根据烟灰轨迹在管道中的路线,可以认为流化床的自燃是由细颗粒反馈软管部分的粉尘点火引起的。

几天后,放热试验的结果公布:在厚度为100mm的产品层中通过200℃的空气,8h后开始放热反应。在干燥器中,只发现了几毫米厚产品层,火灾在启动干燥机4h后就已经发生了,这一结果与点火无关。点火源为化学反应也被排除在外。

但还是很想知道,为什么要把一根软管插入反馈管路中输送细颗粒。给出的不情愿的答案既简单又令人困惑:在调试阶段,"旧"喷射器的振动可能会损坏新的烘干机。负责的工厂领班有一个想法,通过将橡胶软管插入到管道来机械地将两个系统分离。

所以，一开始虽然本着节省了成本，但根据调查结果，最终的费用却大幅上升。

结论 对软管中的传播刷形放电的防范确实有所考虑，然而，这种软管对应其标签虽然符合 EN 12113：2011[4] 的规定，但它允许运输的只限于易燃液体。

当时，对于气动输送固体颗粒的软管，还没有检测标准。但是现在，这些软管的状态也已被定义（见 IEC/TS 60079-32-1[2]）。

7.3.6 超微粉粉碎机气流磨的点火

一般来说，磨机的研磨效果是由旋转体的相互运动引起的。因此，在机械磨机中，机械火花总是要考虑的因素。

在这种情况下，粗塑料颗粒必须被粉碎成粉末，其 MIE 相对较低（5~10mJ）。这就是使用超微粉粉碎机的原因。它是利用高速喷射的压缩空气，使颗粒相互撞击，从而粉碎物质。一般来说，这些轧机被认为本质上是安全的，因为它们没有旋转部件。

然而，在工厂启动后的一年内，发生了点火事故，由于微型粉碎机的构造是耐受高压的，没有造成任何伤害，工厂完好无损，但发现内部有燃烧痕迹并覆有阴燃产物的壳层。

因此，在没有其他可能原因的情况下，静电被归咎为点火的原因就不足为奇了。调查表明，整个系统由不锈钢构成，每个部分都可靠接地。然而，工人们发现，塑料粉末容易黏附在金属表面，从而在试运行期间造成射流磨喷嘴堵塞。为了防止这种情况发生，并允许喷射器将粗塑料颗粒送入磨机，喷射器内衬了聚四氟乙烯管。这立即使我们意识到传播刷形放电的可能性。为了使工作人员相信这一点，我们被允许在进料系统中安装一个小的防压窗口，通过这个窗口可以看到喷射器内部。我们所看到的一切超乎想象：传播刷形放电接连不断地穿过聚四氟乙烯衬垫的整个覆盖范围。毫无疑问，他们有能力点燃颗粒物，其中已经包含了大量的细微粉末。由于熟悉传播刷形放电机理，通过试验可以很容易地找到补救措施。在管壁上钻出直径约为1mm的小孔，彼此之间距离约为20mm，从而将连续带电表面的面积限制在500mm^{2}以下。最初我们担忧结壳会降低孔的有效性，这尚未得到证实，可能是因为覆盖壳体的介电强度总是比未损坏的聚四氟乙烯的介电强度小得多。

传播刷形放电没有再次发生。

结论 对能够引起传播刷形放电的介质材料套筒,应间隔适当长度进行穿孔。

▲7.3.7 旋转塑模过程中的爆炸

旋转塑模用来生产中空的复杂形状塑料,在加热的空心模具中进行,模具中加入相应数量的塑料单体。模具由铰接在一起的两个部件组成,同时围绕两个垂直的轴缓慢旋转,使材料分散并黏在模具壁上。在旋转过程中,单体在加热的模具壁处聚合,从而形成空心体。

在优化模具转速和温度的初始阶段,当系统仍在冷却时,模具内部发生了爆炸。锁紧机构被炸开,铝模击中一名工人,造成致命伤害。

人们已经知道,由于从液态单体中释放出可燃蒸气,模具内部会存在爆炸环境,但没有任何火源的问题。然而,在可怕的事故发生后,人们隐约怀疑可能是静电气体放电引起的。由于事故发生后没有发生任何变化,因此只能对残骸进行彻底的检查。第一个重要的观察是,爆炸发生在塑料聚合后模具外部冷却时。因此,要制造的塑料容器在爆炸时已经完成;液态单体产生的任何静电效应都可以忽略不计。

那么问题是,在一个封闭的系统中,没有相对移动的部件,静电是如何发生的呢?在使用放大镜检查这个容器的残留物时,在一个扁平的部分发现了一个边缘熔化的小孔。这引起了静电学专家的警觉,因为只有传播刷形放电才会以针孔的形式留下痕迹。修复模具后,用氮气代替模具内的空气进行了几次试验。和以前一样,每个塑料容器都被仔细检查有无针孔,直到又找到了一个。再一次注意到,这个孔位于容器的扁平部分,那里的塑料特别薄,并向模具内部缩进。用静电复印墨粉对针孔区域进行粉末处理,显示出了传播刷形放电的通道图案。我们仍然想知道,能够以引起传播刷形放电的足够高的电荷量是怎样积累在模具内的。

温度对塑料表面电阻率影响的试验表明,每升高40℃,塑料表面电阻率就降低一个数量级。当塑料容器与金属模具在冷却期间分离时,冷却器和电阻更大的塑料容器外壁会变得高度带电。电荷会在较热且更易导电的容器内壁上产生极性相反的相似电荷。因此,高密度的双层电荷可以通过这种方式形成,导致塑料的电击穿和传播刷形放电。相对于容器内壁,外壁的冷却会使其收缩,从而在塑料内部形成机械应力。当容器内、外壁之间的温差达到最大时，内部应力将达到最大，导致容器与模具突然分离。如前所述，静电放电在这一阶段可以被释放出来。

结论 作为解决这个问题的一般方法，通常建议用氮气吹扫。然而，在这个案例中，由于致命的事故，这一工序被终止了。

▲7.3.8 塑料颗粒搅拌仓爆炸

聚乙烯加工厂安装了几条生产线，为了排除任何材料变异，保持恒定的产品质量，全部产品被送入搅拌仓，从仓底部取出并输送到顶部进行回收。由于该产品为洁净的聚乙烯颗粒，没有火灾或爆炸的危险，因此没有采取特别的预防措施。因此，搅拌仓发生的爆炸几乎令人难以置信，幸运的是，爆炸只对筒仓造成了轻微的损坏。

尽管如此，按照惯例，静电专家被邀请，不仅要识别火源，还要找出被点燃的物品。对筒仓的检查表明，由于颗粒的磨损而产生的聚乙烯微颗粒沉降在筒仓壁和筒盖之间的裂缝中，裂缝中的微颗粒不受主气流的影响。积累的微颗粒可能会周期性地脱落并落入筒仓，从而导致可燃性微颗粒的分散。但是，关于点火源的性质以及放电与下降的微颗粒如何一致存在的问题仍然没有解决。又有两项观察使我们离解决问题更近了一步。爆炸发生时，筒仓几乎是空的。随后发现，在筒仓的漏斗形下部的有机玻璃检查窗被部分地覆盖了煤烟，其内部表面熔化。取出安装在橡胶垫圈中玻璃，经过非常仔细地检查，发现至少有3个微小的穿孔，这只能是由传播刷形放电造成的（见4.3.2小节）。传播刷形放电所必需的高电荷密度部分是由于聚乙烯微颗粒与检查窗的持续碰撞造成的。微颗粒与窗口碰撞时达到临界电荷密度，导致传播刷形放电和微颗粒点火。

结论 即使在只输送干净颗粒的系统中，也应预料到细微粉末的存在。筒仓的设计应避免可能滞留细微粉末的区域。

由于传播刷形放电不能发生在厚度大于8mm的绝缘体上，所以观察玻璃的尺寸不应低于该规格。

▲7.3.9 金属管流出液体时的怪异情况

某液压油生产工厂的工程师报告了以下问题，要求提出意见并寻求补救办法：

在已经使用了一段时间的液压油灌装设备上，加入了金属过滤器以提高质量。从那时起,流出的液体会在垂直管的末端上升几厘米,在那里产生"火花"。然而,这似乎不是一个迫在眉睫的威胁(石油的燃点超过 100℃),但这种现象使工人感到困惑。

我们认为"静电"可能导致油液的上升,前往那里之后看到的场景是非常令人印象深刻的(图 7.5):液体沿着管道的外部向上蠕动,引发气体放电,伴随着强烈的无线电信号。

图 7.5　蠕动油膜的放电(见彩插)

当针尖电极靠近管道开口时,电晕电流为 2.5μA,气体放电现象减少。这表明存在静电效应。

一种可能的解释　由于液压油的导电性很低(10~30pS/m),当液压油流过金属管时会产生静电。

由于安装了由紧密网状金属编织物构成的另一个过滤器,静电荷大大增加,导致在管道的开口端产生高度负电荷的液体。

由于接地金属管构成最接近带电液体的反电荷(电感应),接近管壁的分子(流速接近零)将被吸引到那里并黏在管子的开口端。然而,它们被迫给后续的带电液体分子让出空间,在管道末端的外侧逆着重力向上移动。

由于克服了排斥库仑力,会产生高电荷密度,只要液体膜的介电强度足够高,就会产生传播刷形放电。这一现象在 DECHEMA 2015 会议上与静电专家进行了讨论,他们原则上对给出的解释表示同意(DECHEMA 是德国化学工程和生物技术专家网络)。

为了消除这些影响,电晕针被应用于灌装管的开口端。

事实上,在灌装管的开口端加上接地的针尖,可以防止液体的上升。甚至由传播刷形放电引起的强无线电信号也不再出现。相反,一些"爆裂声"可以被察觉到,这最有可能是由强烈的电晕放电引起的。

7.4 与火花放电有关的案例记录

根据经验，专家认为大约80%的静电引起的点火源于火花放电。这是值得引起注意的，因为要有效地预防它只需要将导电部分可靠接地即可；否则其中的导电部分可以被直接充电或以电感应的方式带电。

在许多情况下，导电部件已经通过安装的方式连接到大地。然而，仅靠视觉检查并不总是能确定向大地的耗散是否足够。一般来说，对地电阻小于 $1M\Omega$ 足以安全地耗散静电电荷（如公路油罐车）。对于小物体（如金属桶、人），电阻小于 $100M\Omega$ 也可以容忍。所有金属和其他导电材料，除了非常小的物品外，都应黏结在大地上。

在实际使用中，必须在所有无法明确识别的情况下控制对地电阻，如通过吉欧表。由于要检查的部件主要位于爆炸危险区域，建议使用防爆测量装置。

由于这将引出大量的案例研究，在接下来的章节中将仅描述一些特殊情况，在这些情况中，未接地的部分被忽略了，因此它们构成的危险没有得到清晰认识。

总之，下面的挑战包括找出隐藏的可以静电充电的导电部件和能引起燃烧的火花。

7.4.1 金属桶内粉末爆炸

一种多用途磨粉机用于磨碎不同类型的塑料材料。该磨粉机位于工厂的2楼，研磨过的有机物质通过一个3m长的接地金属管道落入1楼的金属桶中。开始时，桶被接地夹具接地，以防止静电危害。由于人们时常忘记给桶接上夹具，工厂工程师设置了一块接地的金属盘固定在金属桶所在的地板上。

这个方法很有效，直到有一天，当大约20个桶装满粉状有机材料后，一个桶内发生了爆炸，盖子被炸飞了。爆炸的原因是什么？

经调查，在工厂内没有发现其他燃烧痕迹，静电放电被认为是可能的原因。在对事故现场进行检查时，发现桶底边在接地的金属盘上留下了痕迹。经过询问公司人员，证实在装桶的过程中，不时地有地面材料堆积在金属盘上。他们还报告说，用真空吸尘器从金属盘上清除溢出的谷粉有困难。

为开展分析，在金属盘上放置另一个金属桶，测定它对地的电阻和电容。电阻值大于 1TΩ，电容大于 460pF。因为谷粉的体电阻率也超过了 1TΩ·m，溢出的有机物很明显在金属盘表面形成了一层绝缘层。在对另一个置于绝缘层上的桶进行测试时，桶内充满了粉碎的有机材料，当桶与金属盘之间发生电击穿时，该桶已被充电至约 8kV。将这些数据代入能量方程，估计储存在桶上的电荷能量约为 15mJ。系统的时间常数为 460s。

爆炸发生时研磨材料的 MIE 在 5~10mJ。因此，很明显，通过静电放电点燃有机材料粉尘是很有可能的。

剩下的问题是火花放电可能在哪里穿过粉尘？在桶的上面有一个金属填料盖，盖子底部有聚氨酯泡沫垫片。当盖子放到桶上时，就构成了防尘和电绝缘密封。由于填充管和盖子总是可靠接地，似乎火花放电已经从带电桶的上边缘通过并到达了接地盖，那里正是一个易燃粉尘和空气的爆炸性混合物普遍存在的地方。

结论 虽然固定接地系统比手动接地系统更好，但定期检查其有效性是很重要的。

▲7.4.2 药片除尘

虽然许多药丸是由可燃材料制成的，但由于它们的体积有限，其本身并不会造成爆炸危险。然而，在压力机中生产时，粉尘会沉积在药丸上，尽管数量很少。

我们很惊讶地得知，一部药片除尘装置发生了爆炸。由于装置非常简单，没有任何电气附件，人们从一开始就认为只有静电可能导致事故。因此，静电学专家的任务是确定点火的原因，并识别被点燃的材料。

除尘装置由两个主要部分组成，即带穿孔夹层的运输箱和顶部有切向出风口的筒仓式结构，两者都是由金属制成。待清洗的药丸被倒在夹层上，运输箱被放在筒仓下面。安装在筒仓出口的通风机被打开，空气通过药丸向上吸入，从而将粉尘带进筒仓，并从顶部进入排风系统。尽管粉尘的数量很少，但对另一部类似的除尘器的测试表明，粉尘上的电荷很容易使隔离的运输箱通过感应带电，电位约为 6kV。

为了将通过药丸的气流集中，箱子和筒仓下边缘之间的接触是密封的橡胶垫圈。由于运输箱的垫圈和橡胶轮子是不导电的材料，运输箱上的电荷会积累，直到它和接地筒仓之间发生火花放电。因此，确定了可能的火源，但由于粉尘浓度太低而无法点燃，实际发生的问题仍然没有解决。

由于损坏的装置已被拆除，我们检查了一个仍在运行的类似装置，在筒仓顶部附近发现了一处有轻微空气扰动的区域，那里有大量粉尘。在我们看来，很可能大量粉尘已经在损坏的设备中被去除并在运输箱和筒仓边缘之间的某个地方旋转起来，随之发生火花放电。

结论 可燃粉尘环境的形成有时难以预测，但其发生的可能性不容忽视。确保运输箱和筒仓都可靠接地。

7.4.3 节流阀火花

一名细心的工作人员注意到一个有苯流过的节流阀上有黄色的火焰。他给消防队打了电话，这样工厂就能及时关闭，大火也能在发生重大破坏之前被及时扑灭（图 7.6）。

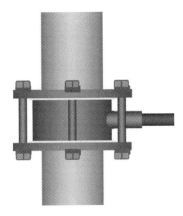

图 7.6 节流阀

如图 7.6 所示，节流阀安装在 2 英寸（5.08cm）不锈钢管道系统中。它固定在两个法兰之间，两端用聚四氟乙烯垫圈密封。

首先，管理人员对火灾发生的原因感到困惑。由于整个管道系统都是钢制的，而且接地可靠，所以没有人怀疑会产生静电。仔细观察时可以发现，节流阀是用绝缘聚四氟乙烯垫片进行电隔离的。这一点一直没有引起注意，因为一般来说，固定法兰与螺钉的连接表现出了连续的导电性。

节流阀处的控制测量显示对地电阻大于 $1T\Omega$。很明显，它被流过的苯充入了静电电荷。当电荷量足够大时，节流阀和法兰之间会产生火花。

因此，静电荷点火的解释似乎是有道理的。下面的计算可以支持这个逻辑假设：

（1）节流阀在安装状态下的电容为140pF；

（2）基于估计且符合实际的火花电压为5kV。

将这些数据代入能量方程，发现在隔离节流阀上储存的电荷能量约为1.8mJ，足以点燃苯/空气混合物（MIE为0.2mJ）。

在此计算之外，工厂管理层希望得到事件序列的再现。因此，会在上述地点观察到许多火花放电。

结论　应在所有可能带电的导电部件上检查对地的耗散电阻。如有必要，必须安装接地装置。

▲7.4.4　向金属桶中充入正己烷

正己烷是一种易燃液体（闪点为-22℃），导电性非常低，这表明它很容易带静电（图7.7）。

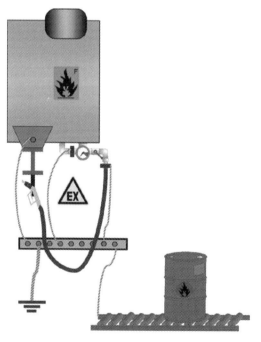

图7.7　填充正己烷

正己烷将在重力的作用下从一个固定储罐中被填入由钢制滚筒输送机传输的金属桶中。

考虑到静电充电可能造成的危险，电气部门负责人受委托将所有设备均可靠接地。这完全按照图7.7所示的方式完成。

然而，静电专家怀疑是否所有的电缆真的都有必要接地。因此，所有的连接都从接地轨道上断开，并检查对地漏电阻。结果是，所有的接地电缆都是不必要的，即使是滚筒输送机上的电缆，它已经通过其驱动电机的保护导体端子接地。

但是桶的接地呢？它与输送机钢辊的接触是否足够？用吉欧表检查，结果是在100GΩ以上。这怎么可能？是红色油漆造成的吗？因此，将底面漆料磨掉并反复测量。结果同样令人失望！

所以，滚筒输送机需要彻底检查，结果使人大吃一惊：虽然运载系统显示接地，但金属辊与地面是隔离的。

研究细节时发现，钢辊的轴承是用塑料制成的，以减少噪声（一种越来越多使用的技术）。

结论 通过及时识别危险源，避免了事故的发生。建议在将所有可能带电的导电物品单独接地前，先检查它们。

▲7.4.5 软管过滤器

对于粉尘的干燥，如在喷雾干燥器中，总有必要在过程结束时将粉尘颗粒从干燥的输送空气中分离出来。但在这所工厂，必须通过过滤系统将经常出现的细颗粒物排出。系统中通常安装由合成纤维和毛毡制成的管状过滤介质。这通常要求软管有某种形式的支撑。在当前的案例中使用了金属筐，因为它们的机械强度高。

一般来说，过滤介质的外表面（原料气体侧）会受到含尘空气的撞击，因此，粉尘会在那里沉淀下来。因此，过滤器的透气性降低，必须定期清除灰尘。因此，通常是从内到外通过加压空气短脉冲吹掉黏附在表面的灰尘。

由图7.8可以看到，过滤软管（F）及其长支撑筐（S）固定在运载盘（K）的过滤器支架上。为了实现可靠的过滤，过滤软管在支撑筐内折叠。加压空气脉冲通过同轴的清洗喷嘴（D）施加到过滤器上，从过滤软管（F）上抖落灰尘。

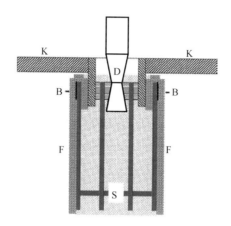

图7.8 软管过滤器

为了获得过滤器内部（清洁气体侧）对原料气体侧的可靠密封，过滤器软管的上端向内翻转，位于金属筐（B）上方。这确保了在运载盘喷口处的密封。

一间工厂建立了新的喷雾干燥装置，它配备了与上文描述类似的过滤软管系统，可以通过加压空气脉冲原地清洗。尽管一切都经过精心策划，但没过多久，发生的爆炸就摧毁了过滤器。当时，人们认为点火源只能来自过滤器壳体内部。但是仔细想想看，过滤器内部既没有移动部件，也没有任何电气设备，实际上整个系统从外表上看都是固定的。在这种情况下，静电放电常常被指责为点火原因。事实上，在检查了这个系统之后，得出结论，火花放电很可能就是点火源。

在检查相似结构的过滤软管时，发现过滤软管的金属筐与大地是隔离的，这种隔离是由软管本身产生的。对金属筐进行的电气测试结果如下：

对地电阻：$1.3\,\mathrm{T}\Omega$；

对地电容：200pF。

当粉尘落在过滤软管上时，电荷就积累起来了。软管电荷产生的电场通过感应作用在隔离的金属筐上产生了电荷和相应的电势。在本案例中，发现电压不足以对附近的接地导体放电。然而，在加压空气脉冲启动的瞬间，金属筐和运载盘之间产生了强烈的火花，导致过滤软管穿孔。根据火花的长度估计，金属筐上的电势在$15\sim20\mathrm{kV}$。根据能量方程，所对应的能量至少为20mJ，足以点燃粉尘。

结论 金属筐应可靠接地。为此，可以很容易地在过滤软管的开口端两侧缝一条导电丝带,以便在折叠时,在过滤筐和运载盘上接地的过滤器支架之间有良好的电接触。

7.4.6 水流过聚氯乙烯软管

在除气过程中,应利用真空泵通过钢管将丁二烯蒸气从合成橡胶聚合反应器中抽出。

所得到的合成橡胶用水冷却,尽量不要将水吸进泵内。为了能看到随蒸气携带的水分,在真空泵的吸入管上安装了一根长 0.8m、直径为 40mm 的软管,用透明的聚氯乙烯制成。

一起火灾发生在软管所在区域,后来发现软管从真空泵上滑落。毫无疑问,这是由点燃的丁二烯/空气混合物(闪点 -85℃,爆炸范围为 1.1% ~ 12.5%(体积分数))造成的,但火源不明。在工厂管理层的调查中,他们认为静电不太可能是火灾的原因,因为软管的内部总是湿的,因为通过软管会输送少量的水。最后,必须请静电专家来寻找火源。在实验室的干燥条件下,对相同长度的同类聚氯乙烯软管(S)进行了测试。软管内部的表面电阻率为 3.0TΩ,整个长度的电阻为 6.0TΩ。这些值表明,聚氯乙烯只是可以被静电充电,但没有证据表明它可以在水湿条件下充电(图 7.9)。

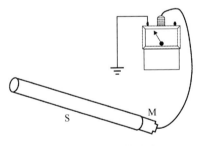

图 7.9 水湿软管着火

因此,我们决定做进一步的测试。将聚氯乙烯软管(S)通过绝缘线倾斜吊起,下端推入长度为 50mm 的金属管(M)。静电电压表连接在金属管上。在软管的顶端喷水,直到水通过金属管滴出来。电压表显示管子上没有电荷。然后,软管悬挂在水平位置,当少量的水进入时将保留在内部。当压缩空气脉冲由软管的另一端吹入,到达金属管这一侧时,电压表短暂地显示电势约为 6.0kV。起初,我们觉得这种行为令人难以置信,但进一步的测试表明它是可复现的。这使工厂经理和我们相信,即使是水,当被加压空气移动时,也会导致电荷分离。但是火灾是怎么发生的呢？

如前所述，通过气体或蒸气的间歇性输水可以在 PVC 软管内壁部分地充入水。当软管滑落时，在真空泵吸入管的接地端和软管中带电的水分之间，可能已经发生火花放电。一般情况下，由于缺氧，PVC 软管在除气过程中不会有爆炸性气体。然而，在软管从金属管道上滑落的瞬间，空气中的氧气会与丁二烯蒸气混合，释放出预期的火花放电。

结论　PVC 软管应换成金属管，并安装玻璃观察窗。

▲7.4.7　失而复得

由 14 个单一筒仓组成、用于临时储存塑料粉尘的工厂，在几年的无故障运行之后，意外发生了爆炸，当时其中一个筒仓正通过蜂窝式轮闸（A）进行清空。在事故发生时没有人在场（图 7.10）。

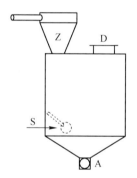

图 7.10　铲子遗失在筒仓中

由于爆炸压力，检查口（D）的盖子从筒仓顶部被撕扯下来并抛掉。这一现象非常惊人，甚至没有人怀疑是因为静电；也有人怀疑是蓄意破坏。为了最终确认点火源，根据点火源清单对该事件进行了彻底调查（表 7.1）。

在事故发生前不到 2h，通过旋风器（Z）的气动进料已经完成。此后，开始通过定量给料装置输出并进入下面的运输容器。数据记录器的测量结果表明，在爆炸发生时，有大约 20% 的剩余产品仍在筒仓中。对卸料装置进行拆卸并作彻底检查，未发现异常。筒仓本身没有电力装置，即使连续的储量控制也由气动叶轮进行。

这些陈述说明和进一步的总体情况反映，使 1~5 号和 7~13 号火源可以排除（表 7.1）。

因此，只剩下火源6。然而，没有迹象表明有静电，因为作为能够引起大量电荷的事件，只有气动灌装过程需要考虑，但在2h前该系统已经关闭。由于整个建筑是用无涂层铝建造的，因此对接地条件的彻底控制是多余的。对有关此事件的所有安装部件的目视检查并没有发现任何疑点。

在最终的系统研究中看到，筒仓中部分烧毁产品通过盖子开口（D）飞出。在靠近仓壁的熔化、熏黑的产品表面发现了一截管子，经过进一步检查，原来是一把铝铲的上半部分（S）。

此外，工人提供的信息表明，筒仓的满溢检测系统存在问题，产品从筒仓盖中漏了出来，此后不得不将其铲回。但是用过的铲子还没有找到。

当工人们对失而复得的铲子感到高兴时，静电学专家试图解释这可能是爆炸的原因：毫无疑问，产品产生了静电电荷，通过感应，静电电荷可以积聚在导电部件上，如铝铲。如果铲斗正朝着接地的筒仓壁移动，将发生火花放电。当火花遇到高浓度的爆炸粉尘时，可能发生点火。

结论 在这个案例中，发生这一切是很难的！

▲7.4.8 神奇的接地夹

甲苯通过一根接地的金属管从蒸馏塔缓慢地流入塑料材质的中型散装容器（IBC）。这个容器（体积为$1m^3$）包含一个白色半透明的塑料容器，它被封装在一个管状镀锌铁笼内，该铁笼附着在塑料托盘上。

在工人休息时，放置IBC的房间发生了大火。在消防人员扑灭大火后，我们很快就被叫去了，我们希望能找到没有人为改变的现场情况，以便准确地评估火灾的原因。

这肯定是一场严重的大火，因为IBC的残骸已经完全被煤烟熏黑了。这并不奇怪，因为当暴露在火中时，含有易燃液体的塑料IBC可能会迅速熔化，释放出其中的物质，这些突然加入的燃料使火灾的危害程度增加。

借着火炬一样的光，可以观察这里的景象。引起我们注意的是一个带着金属光泽的接地夹，它夹在IBC的光滑铁笼上，聚乙烯在铁笼中被熔化了。

结论 由于这样的怪异事实，在非常光滑的铁笼网格上有个闪亮的接地夹，关于夹子何时被附在了IBC上这一问题，所有报告都将显示管理层和工人之间令人尴尬的讨论。

7.5 锥形放电引起的点火

这个案例是基于瑞士巴塞尔的安全促进研究所的马丁·格洛博士的个人信息。

某新工厂的不锈钢筒仓（容积 $8m^3$）在投产约一年后发生爆炸。由于筒仓配备了防爆装置而未被破坏，仅有部分产品的损失。筒仓装载的有机体材料的 MIE 为 1~3mJ，因此属于高度点火敏感材料，这就是安装防爆装置的原因。

爆炸发生时，筒仓在空气的作用下填充了约 60% 的粉末。

粉末的高电阻率（$\rho > 1T\Omega \cdot m$）表明它很容易带电，因此只有静电被怀疑是点火源。

筒仓内没有绝缘材料（如涂层），因此不考虑传播刷形放电。此外，还确定了所有导电装备均已可靠接地，所以火花放电也可以被排除。

我们的目标是在重新启动系统之前，查明在筒仓灌装过程中是否会发生锥形放电。因此，在筒仓的内壁上固定了几个铝箔形状的电容器，附着在绝缘聚合物箔片上。它们被连接到筒仓外的电荷测量装置上，记录了几个弱电荷脉冲和少量强电荷脉冲，它们分别代表筒仓中产品的特定填充程度。

这些控制测量进行了几个月，大约每两周记录一次强脉冲。这些强放电脉冲足以点燃敏感的粉尘/空气混合物。然而，再也没有发生点火，据推测是因为在锥形放电处没有最佳的可燃混合物。

7.6 对静电点火的疑惑

尽管本章涉及与静电有关的案例研究，但可能会出现这样的疑问，为什么还要提出静电之外其他的点火源造成的事故？

事实上，当没有其他合理的解释时，静电经常背负为火灾和爆炸事故的原因。然而真正的原因也可能是其他的火源，如电气或机械火花。

另外，如果一个粗心的人满足于接受一个未被可靠证明的点火源，可能会产生严重的危险后果：在没有任何防护效果的情况下采取了错误的补救措施，以至无法防止此类事件再次发生。

静电专家必须意识到,现在他的任务是识别实际的点火源。下面的案例研究将鼓励他们接受挑战。

▲7.6.1 聚乙烯桶内的火灾

通过旋塞将沉淀在冷凝储液槽底部的木炭/苯浆(温度为60℃)排放到桶中是一项常规工作。

由于上次排放发生了不当延迟,系统产生了堵塞,当旋塞打开时,没有东西流出。工作人员试图用一根电线戳出浆体(图7.11)。他报告说,设法释放浆体后几秒内,在旋塞处出现火焰,点燃了流动的苯。由于这名工人穿戴标准的安全装备(头盔、护目镜和手套),虽然惊慌失措,但成功逃脱了。他叫来了消防队,幸运的是火很快被扑灭了。

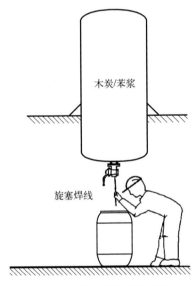

图7.11 聚乙烯桶内的火灾

待一切都安顿下来,技术管理人员决定自己调查火灾原因。他们开始系统地检查13种可能的点火源,一个接一个地排除它们。有些点火源从一开始就被排除了,如闪电、电磁波、超声波和绝热压缩。此外,由于储液槽的排空是一个纯粹的机械过程,所以毫无疑问也会发生化学反应。专家们对热表面、热气体、机械火花、电气设备、瞬态电流等也会引起疑点的其余点火源进行了彻底检查,明确排除了其点火的可能性。起初,即使是静电放电似乎也不太可能,直到他们发现了一个用过的塑料桶,而且它已经部分烧毁了!

在操作说明中明确规定了储液槽的排空频率,以及需要特殊的金属桶来收集浆体,该桶必须接地。进一步的检查表明,由于已经大大超过了建议的排放间隔时间,而这名工人由于找不到金属桶,就用了一个恰好放在附近的塑料桶。

有经验的管理者自然倾向于认为,如果不遵守操作指令,这类事故就会发生。因此,对他们来说,使用不当的塑料桶显然是事故的原因。因此,静电学专家只被要求证明塑料桶确实是点火的原因。尽管有这一要求,但专家仍坚持要再现事故,以便查明气体放电的点燃地点。

首先检查人体充电的耗散。点火时,工人穿着干净的耗散安全鞋,站在接地的网格上。测得浆体的电阻率为 $10\sim100G\Omega m$,表明它是中等可充电。由于流速较低、出浆量较小,充电危险性似乎不大。

会不会是取来的聚乙烯桶已经带电?这再也无法重建了,因为桶的上部已经熔化,剩下的大部分都被烟熏黑了。

可以预期,当浆体流出储液槽时会被充电,从而导致电荷在桶底堆积。考虑到这一点,问题就产生了,在塑料桶底部的电荷如何能在旋塞处导致燃烧性的气体放电。任何由感应引起的电荷转移也可以排除,因为附近的所有导体都接地了。

批评者认为,工人关于点火位置的说法是错误的。他们认为点火发生在桶的底部。但这是不可能的,因为那里没有电极来引起刷形放电。当一位专家不认可关于点火源的共识时,他的同事们能够料想到人们最起码会愤怒地问他点火源还能是什么。告诉化学专家一种未知的化学反应可能导致了这场事故,似乎是不可原谅的愚蠢行为。然而,考虑到浆体在60℃时在储液槽中停留的时间过长,这种怀疑还是被提出来了。在这段时间里会发生化学反应吗?

最后,从烧焦的浆体中提取样本,并进行示差热分析(DTA)。在25℃时,样品已经开始发生氧化反应,这将导致放热。我们得出的结论是,木炭浆的温度是60℃,处于高度氧化状态,产生的热量足以通过接触大气中的氧气导致浆体自动点火。有充分的理由证明浆体的热不稳定性是由于在储液槽中停留的时间较长造成的。

结论 在本案例中,防静电措施并不能提高安全性。

7.6.2 溶剂清洗区域的火灾

为了更好地理解,下面不是从叙述事故的过程开始,而是从干扰的产生开始。

加工厂中使用的溶剂是丙酮,丙酮积聚在重结晶反应器中,因此,反应器必须清洗后再使用。清洗过程所需的多个存储容器用导电橡胶软管互相连接。

一个靠近液泵的工人注意到丙酮正在流出并通过格栅滴落到下面的地板上。他立即关掉液泵,关闭阀门,跑上楼去找泄漏点。很明显,一个软管接头松了。由于这种情况时有发生,因此附近的储物柜里备有替换软管。

但偏偏就在那天,在没有通知工人的情况下,软管被取下进行例行检查。剩下的只有一根透明的 PVC 软管。在那里临时工作的工人把它带走,很高兴地发现它正合适。他将 PVC 软管安装到适当的喷嘴上,将储存容器连接起来,接通液泵并打开阀门,使丙酮再次流动。不久之后,一个在下层工作的同事喊道:"着火了。"由于反应迅速,这名工人在火焰穿过格栅盖板追上他之前关掉液泵逃了出来。

由于储存容器是钢制的,火灾仅限于不安全的软管溢出的丙酮所在的区域。工人们自己就可将火扑灭,通过谨慎和果断的行动,避免了一场灾难。

像往常一样,不幸的事情经常连串发生:

(1)在没有得到充分通知的情况下,临时工人不得不为一位重病的同事带班工作;

(2)在进行软管检查时,应留下一些用于更换的软管,以备不时之需;

(3)用于测试的透明 PVC 软管不得留在储物柜中;

(4)临时工人不知道 PVC 软管会产生静电危害。

从震惊中恢复过来后,有关人员想知道起火的原因是什么。

对安全专家来说,毫无疑问,事情已经很清楚了。一定是 PVC 软管上的静电电荷导致丙酮蒸气/空气混合物着火。他们不得不承认缺乏沟通和组织的情况一直存在。然而,对于静电学专家来说,这个解释似乎太简单了,而且很可疑。不可否认的是,透明 PVC 软管当然是一种可高度充电的材料,存在静电危害。软管通过简单的操作就可充电,更不用说让丙酮通过了。这样的充电可能导致刷形放电,能够点燃丙酮蒸气和空气的最佳混合物。然而,为了确定气体放电是事故的原因,有必要做更多的调查。首先,对整个场景进行了回顾。由于一切都如报告的那样，我们随意查看了各种电气设备，包括灯具、电线、开关和安装在格栅甲板下较低楼层的泵用电机。所有设备都获准在区域 1 使用，看起来很完美。整个区域都被大火熏黑了，但仔细检查发现，泵用电机比其他任何东西都要黑。

因此，静电专家要求电工打开电机的接线盒。图 7.12 显示了所看到的情况。这个通常密封得很紧的盒子里面已经变黑了，显然是被火熏黑了。一个三相电机，像往常一样连接在星形接法的电路中，但星形-三角形桥接右手边的固定螺母不见了，螺栓和黄铜桥片被局部熔化。丢失的螺母是在盒子底部找到的；显然，由于振动，它变得松动了。令人困惑的是，在接线盒的侧面发现了一个孔，并对其用途提出了质疑，因为防爆电机的接线盒必须是密封的。在检查这个孔时，发现里面有炭黑。在这一瞬间马上理解了造成问题的原因。

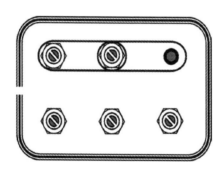

图 7.12　接线盒（打开的）

丙酮通过格栅甲板从上面滴到泵用电机的接线盒上。溶剂能从盒子侧面的孔里渗进去。当泵再次开机时，连接 PVC 软管后，星形-三角形桥接上没有固定螺母，螺钉出现电气火花。这些火花点燃了盒子里的丙酮蒸气，火焰通过孔到达外部，从而点燃了电机周围的丙酮。

让专家们感到好奇的问题是，为什么要把这个孔钻到一个本应密封的盒子里。进一步调查发现，几年前，一位高级电气工程师发出指令，要求对所有电气设备的金属外壳进行额外的接地连接，以确保它们的等电位。为了把这个接头固定在盒内，必须钻一个孔。他是想提供更大的安全性，以防止可能发生的触电和火花。几年后，他的继任者证明，如果不再安装这些额外的接地装置，可以节省不少成本；相反，他认为常规的接地就足够了。

很明显，液泵已经被修理过了，这就需要把泵用电机拆下来。在重新组装液泵时，关于不要安装额外接地装置的指令已经生效，所以原来钻的孔被遗漏了。电工和其他人都没有注意到盒子上还有一个孔！

结论 做更多提高安全性的事情可能会让事情变得更糟。

太多的厨师会毁了一锅好汤（人多反而误事）！

▲7.6.3 玻璃管破裂

可能含有氯/氢气混合物的废气通过导电和接地的PVC管从反应器中被抽出，进入气体洗涤器。这条废气管道要经过一个没有窗户的储藏室，那里存放着桶和其他包装材料。由于这根管子曾经出现过变质的迹象，所以被由优质技术玻璃制成的新管子所取代。

在一个阳光明媚的寒冷冬日，这间屋子发生了爆炸，一声巨响划破了空气。那时正是午休时间，所幸的是，储藏室里没有人。小心翼翼地走进房间，打开天花板上装着普通灯泡的灯，第一眼看不出有什么异常。然而，令人惊讶的是，整个新的玻璃管都不见了，但是可以根据粘在墙上的玻璃碎片来追踪它的痕迹。

在讨论事件的过程时，首先指出，反应器中的废气玻璃管已经关闭，因此，没有气体泄漏，但显然管道中可能存在具有爆炸性浓度的氯/氢的气体混合物。

关于点火源，已经确认在夏天（通常空气湿度较高）更换了PVC管道，而爆炸发生在寒冷的冬季（通常空气湿度较低）。因此，由于没有其他合理的点火源，静电电荷自然地成为焦点。人们认为静电学专家只需要说明一下就可以了。

摆在我们面前的第一个问题是导致玻璃管破裂的原因。如前所述，氯/氢的气体混合物显示出快速的压力增加，并且可能仍然存在于管道中。有证据证明这一点，那就是它已经裂成了碎片。

但是点火是怎么发生的呢？氯/氢的气体混合物不能自燃。没有迹象表明静电荷是点火源，正如最初所怀疑的那样。

当我们在1月份的一个晴朗而寒冷的日子里再次来到这个储藏室时已经是中午了，那一时刻，我们在安装玻璃管的地方发现了一个明亮的光点。这是由倾斜的太阳光柱造成的，在一个没有窗户的房间是意想不到的。阳光可以通过天花板下方的外墙上一个大约200mm×300mm的开口进入室内。设计这个开口的目的是在发生故障时安全地将氢气释放到外部。

现在人们知道氯/氢的气体混合物会发生剧烈的反应,这是由紫外线辐射引起的,如太阳辐射。但一般来说,紫外线辐射会被普通玻璃大量吸收,然而硼硅酸盐玻璃却没有这样的吸收效果,事故发生前更新使用的优质玻璃正是基于这种材质。紫外线辐射的传递率(UV-a 为 100%,UV-b 仍有 60%),太阳辐射当然有可能导致点火。这是极少发生的光辐射点火问题(表 7.1 中的第 9 项)。

但是,为什么事故发生在废气玻璃管道运行半年之后呢?

简单解释 在夏天太阳高度高的时候,太阳光柱不能射中对面的墙——这只有在冬天太阳高度很低时才有可能(图 7.13)。

结论 几乎不可能考虑到所有可能的点火机制!

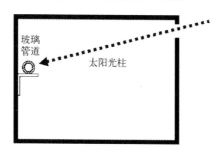

图 7.13 入射阳光

7.7 以相关经验行事

如今的技术世界不仅变得更加复杂,而且安全得多。这是由于国际安全条例越来越多。此外,在过去的几十年里,对技术规则的总体接受度增加了。所有这些都导致了这样一个事实:仅仅一次违规很少会导致事故。在大多数情况下,这意味着几件坏事必须同时发生。

因此,在调查事故时,人们必须非常彻底地检查细节,以便根据时间和地点重建事件的过程。

当紧密接触的固体和/或液体物质再次相互分离时,就会产生静电。条件:所涉及的材料中至少有一种必须具有很高的电阻率,在分离过程中不会发生电荷回流。

因此,得出结论,所有绝缘材料都能引起以下放电:

（1）电晕、刷形、传播刷形和锥形放电；
（2）带电的导电部件只会导致火花。
这些气体放电造成点火危险的程度见表7.2。

表7.2 设备危险区域中IEC/TS 60079-0：2011[5]范围内对绝缘固体材料和隔离导电或耗散部件的其他限制

条件		组Ⅰ EPL Ma, Mb	子组	组Ⅱ EPL Ga	组Ⅱ EPL Gb	组Ⅱ EPL Gc	组Ⅲ EPL Da	组Ⅲ EPL Db	组Ⅲ EPL Dc
A）表面积/mm²		≤10 000	A	≤5 000	≤10 000	≤10 000	无限制		
			B	≤2 500	≤10 000	≤10 000			
			C	≤400	≤2 000	≤2 000			
B）条、棒宽度/mm		≤30	A	≤3	≤30	≤30	无限制		
			B	≤3	≤30	≤30			
			C	≤1	≤20	≤20			
C）绝缘涂层厚度，以避免刷形放电/mm		≤2	A		≤2		无限制		
			B		≤2				
			C		≤0.2				
绝缘涂层的厚度，以避免任何点燃性放电		不允许	不允许		不允许		≥8mm 如果面积 >500mm²		
D）转移电荷/nC		≤60	A		≤60		绝缘固体无限制 ≤200		
			B		≤25				
			C		≤10				
E）地表以上金属部件电容/pF		≤10		≤3 ≤3	≤10 ≤10	≤10 ≤10	≤10		
					≤3				

无论如何，封闭体内部距离外壳8mm范围内，不应安装延伸的导电平表面。

PPT 幻灯片演示

"Freddy"（厂区静电危害）演示试验：

💻 P15 Safety on the scale

视频出处说明

V4.1 Sparks at a throttle valve

V4.2 Sparks in a liquid

参 考 文 献

[1] Technische Regeln für Betriebssicherheit. *TRBS 2152 Teil 3 Gefährliche explosionsfähige Atmosphäre – Vermeidung der Entzündung gefährlicher explosionsfähiger Atmosphäre.* GMBl Nr. 77 v. 20.11.2009, S1583 (Gemeinsames Ministerialblatt der Bundesregierung).

[2] IEC/TS 60079-32-1, IEC/TS 60079-32-2 (2015/2016).

[3] Blythe, A.R. and Reddish, W. (1979) Charges on powders and bulking effects. *Inst. Phys. Conf. Ser.*, 48, 107–114.

[4] EN. German version EN 12115: 2011. Rubber and Thermoplastics Hoses and Hose Assemblies for Liquid Or Gaseous Chemicals-Specification.

[5] IEC/TS 60079-0: 2011 (2011). Explosive Atmospheres – Part 0: Equipment – General requirements.

第8章　电荷的定向利用

静电充电机制应用领域非常广泛。目前用于工业涂装，如装配线上的汽车通常通过静电技术涂覆水性涂料、用无溶剂粉末涂料涂覆物体也是基于静电充电的原理，还有日常生活中接触到的其他应用，如复印机和打印机。专业的喷墨技术同样利用了充电机制。然而，这些生产过程尚未得到进一步的详细研究。

8.1 应　　用

静电应用是指将带有正确极性的电荷引导到预定的平面。电荷应该精确地得到调整并且尽可能分布均匀，它应该在特定的时间被带到特定的地点。库仑力的作用可以用来实现这一目标。

静电应用所需电荷的获取与前文所述的电晕放电完全相同（见 4.3.2 小节）。

充电效果的关键在于电荷的保存，即将载流子作用于预定表面。就静电学而言，该表面可以是导电的或绝缘的，然而，必须始终确保施加在其上的电荷在处理期间不会消散到地电位。

如果在特定的生产过程中需要这种静电电荷，则使用在直流电压下工作的充电棒（图 8.1）。根据长度的不同，充电棒有特定数量的工作点，这些点连接数千伏（工作电压）的高压源，流过它们的电流是受限的。

充电棒的工作电压被设定为使工作点上的电场强度足够高，从而使载流子（电子）被释放。充电棒的工作点始终需要被施加一个反电位，电荷粒子沿电场线向反电位移动。

在使用充电棒时，使电荷产生位移的电感应原理也是适用的，即极性相反的电荷相互吸引、极性相同的电荷相互排斥（图8.2）。

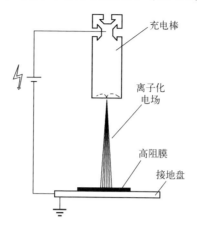

图 8.1 电荷发射充电棒（经 F2 许可）

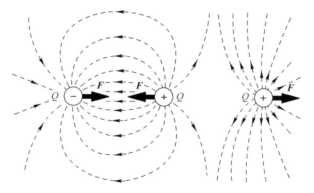

图 8.2 相反和相同极性电荷的力分布[1]

因此，库仑力对载流子的影响为

$$F = \frac{Q \cdot E}{2} = \frac{Q \cdot U}{2r} r \qquad (8.1)$$

式中：Q 为正负电荷（C=As）；r 为电荷间距离；E 为电场强度；r 为单位向量；U 为施加的电压（V）。

图 8.3 所示的平板电容器上的平板相互吸引力是 F。因此，所施加的力取决于可用电荷量和极性相反的电荷之间的距离。

电荷存在于良好绝缘体的表面，并在一定时间后（弛豫时间，见 3.11.3 小节）再次耗散。弛豫时间由表面的绝缘电阻 ρ 和其介电常数 ε 决定。

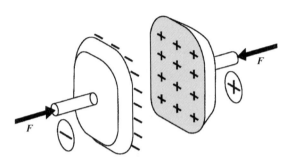

图 8.3 平板电容器上的载荷（经 F2 许可）

绝缘电阻越大，弛豫时间 τ 越大。

$$\tau = \varepsilon \cdot \rho \tag{8.2}$$

为了有效地利用静电引力，必须确保所施加的电荷不会耗散得太快[2]。

为了充分理解电荷的保存，需要区分静电学角度的高电阻和电气工程角度的高电阻（见3.3节）。

通过解释，可以考虑一个 $10pF = 10^{-11} As/V$ 的电容 C，它与 $1G\Omega = 10^9 \Omega$ 的电阻 R_A 并联。如果电容器通过电压源充电，然后电压源从电容器断开，则当电容器通过并联电阻放电达到 63% 时所经历的时间，即弛豫时间为

$$\tau = R_A \cdot C = 10^9 \left(\frac{V}{A}\right) \cdot 10^{-11} \left(\frac{As}{V}\right) = 10^{-2} \text{ (s)} \tag{8.3}$$

在 5τ 的周期内，即 50ms，电容器几乎完全放电。

这个例子表明，$1G\Omega$ 的电阻对于保存电荷来说太低了。但对于 230V 或 400V 的绝缘和接触保护，$1G\Omega$ 的电阻就足够了。

大于 $10^{12}\Omega$ 的表面电阻和泄漏电阻对于可重复的静电应用是必要的。在一定情况下，泄漏电阻小于 $10^{12}\Omega$ 也可以继续使用，具体取决于应用和处理速度。

基于这一知识，在过去的几年里，黏结、固定、偏转、表面处理和屏蔽层处理等领域的解决方案得以广泛开发。

8.2 静电应用的创造性实现范例

8.2.1 胶黏剂黏结-阻塞

当使用充电棒连接两个足够平坦的表面时，需要连接的平面应处于电

极尖端阵列和反电势之间,反电势可以是相反的极性或大地电势。这些表面将被充电,因此将具有不同的电荷极性。几个平面结构可以通过这种方式共同被静电充电,平面会因此互相阻塞,电荷的弛豫时间相应更长,可以达到更高的稳定水平。这种黏合效果,可以取代黏合剂、增强板或机械固定。

图 8.4 说明了一种将薄片材料固定在碎料板上的原理,即将两个不同极性的充电棒相对放置。如果不采取这一应用,就无法实现该行业所需的高生产速度。

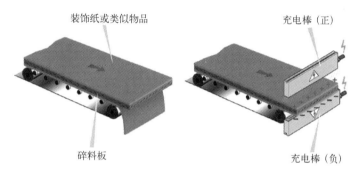

图 8.4　将装饰薄膜/装饰纸固定在板材上(经 F2 许可)

下面进一步举例说明该应用的工作原理(图 8.5)。

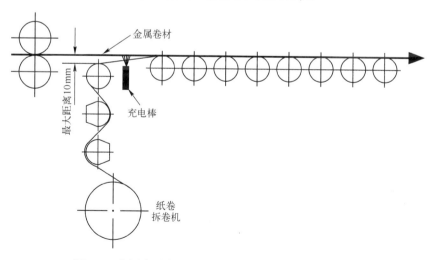

图 8.5　将纸张固定在金属带上的示意图(经 F14 许可)

图8.6显示了薄的层压板的板层阻塞。通过使用两个相反极性的充电棒连接合适的具有120kV电压和1.25mA最大电流的高压发电机,在后续的生产过程中实现了单层的安全稳定(图8.7)。

图8.6 碎料板的板层阻塞(经F2许可)

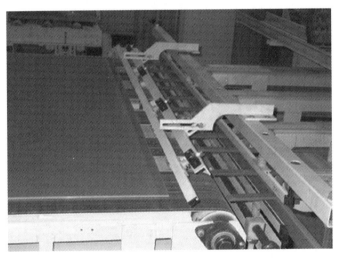

图8.7 在MDF平板(中密度纤维板)上固定覆盖物(经F2许可)

在码垛装置中,为了便于后续堆叠的自动处理,用报纸和书籍阻塞是一种常用的方法,图8.8显示了这一方法在实际使用中的4种解决方案。

配合足够的压力,高达约300mm的叠层可以用这种方式阻塞,以便按每分钟30个周期的循环自动码垛或继续处理(图8.9)。

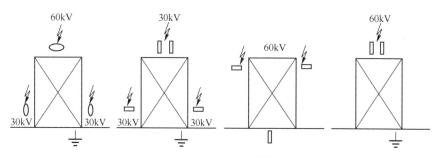

图 8.8 阻塞系统[3]

图 8.9 用平板电极充电（如堆叠阻塞机 AVN VB 70，Affeldt 机械制造有限责任公司，www.affeldt.com）

▲8.2.2 插入件在可变基底上的粘贴

可变的基底可以是画报、商品目录、木板、玻璃板或许多其他高电阻材料（图 8.7）。

将插入件放置在要黏附的表面上，并插入即将发射电荷的充电棒下面。发射到插入件表面的电荷，附着在移动的基底上。在这种情况下，需要基底必须有高电阻（测量程序见 3.10.4 小节），这个高电阻是静电学意义上的。图 8.10 显示了带插入件的配页机上的充电棒。

这个原理也适用于在层压包装上固定覆盖层或拆除玻璃板时固定中间层。

图 8.10 在可变基底上黏结插入件的模式和实现（经 F2 许可）

▲ 8.2.3 将多个纸卷材或膜卷材阻塞在一个色带上

许多纸卷材或薄膜卷材在印刷机上以高输送速度（高达 15m/s 或更快）运行。处理过程中，附着在卷材上的薄片状空气边界层会产生重大的生产故障和质量问题。

为了防止这种情况的发生，两个极性不同的充电棒被相对设置到彼此叠在一起的卷材（色带）上，电荷从色带的外表面发射出来。电荷的力向量（比较图 8.2）是彼此正交的，并将单个卷材绑定在色带上（图 8.11）。

前提条件是所施加的电荷在纸带上停留一定时间，并且不会立即耗散，这是低电阻纸张、潮湿纸张或未干纸张的情况（见 3.10.4 小节）。

纸张配方中的添加剂，如低电阻的处理水、含量较高的水分和不可确定的回收残余物，往往会使纸张呈现低电阻。而且在色带黏附之前，通常先在织物表面涂上硅树脂水乳液。这两个因素都降低了色带黏附的效果。

电荷也可以通过与半导电滚轴的接触而加入，或通过在色带卷材外表面的滚动而加入。两个活动滚轴相对放置，其中一个具有正的高压电势，另一个具有负的高压电势。通过将它们放置在色带上的方式实现一种压力效果，卷材之间的空气被挤出。当两个滚轴与色带接触时，色带外表面带电的极性相反，色带粘在一起，因此在进一步的加工过程中不会受到任何约束。由于固定的表面通过这个系统得到了紧密接触，阻塞效果大大提高。

第 8 章 电荷的定向利用

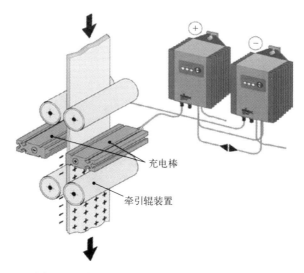

图 8.11　充电棒对色带进行充电（经 F2 许可）

▲8.2.4　冷却辊上熔体层的黏附

在使用铸膜工艺生产塑料箔时，熔融的塑料从宽缝喷嘴直接喷到冷却辊上。在冷却过程中，薄膜立即开始收缩。为了尽可能地减少这种收缩过程，熔化的塑料从宽缝喷嘴排出后立即被放置在冷却辊上，并在接地的冷却辊上通过静电充电将其在整个宽度上加以固定（图 8.12）。

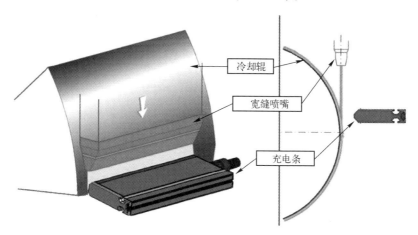

图 8.12　在冷却辊上使用丝状电极黏合熔体层（经 F2 许可）

在许多情况下，静电边缘区域的固定就足以避免收缩（图 8.13 和图 8.14）。

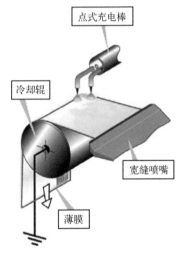

图 8.13　在冷却辊上（防颈缩）通过边缘区固定（点充电）进行熔体层黏附（经 F2 许可）

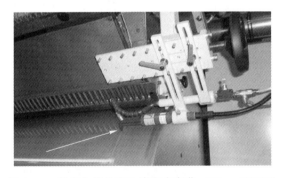

图 8.14　带充电棒的防边缘向内弯曲（Eltex ATR23）
（薄膜厚 12μm、速度 600m/min）

▲8.2.5　卷绕时避免伸缩

产品在制造过程的最后环节需要再次卷起。新生产的薄膜和其他材料在卷筒上再次缠绕时容易伸缩，即材料产生横向移位，那么卷筒在后续阶段就几乎无法使用了。

为了避免伸缩，在卷绕之前用静电将卷材固定在接地的滚轴上（图 8.15）。

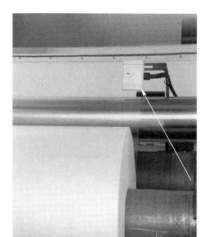

图 8.15　卷绕时利用静电充电避免伸缩（经 F2 许可）

▲8.2.6　内模贴标-内模装饰

塑料模具表面处理有两种选择：

（1）通过黏结或印刷塑料表面，进行注塑后的复合处理；

（2）直接定位一个或多个已处于模具中的装饰物或标签。使用内模贴标，印花将牢固地附着在物体上。

与表面印刷或涂装不同，内模贴标涉及在注塑模具的定位单元上放置塑料装饰或标签。塑料装饰需要高电阻的静电黏附力，必须调整到相应的模具。充电的结果使模具内的装饰粘贴得很好。

在内模贴标工艺中，有两个系统用于模具零件与装饰的集成制造：

（1）注塑模具内装饰/标签的直接充电。

（2）注塑模具外装饰/标签的间接充电。

在内模贴标中最常见的是实心假体（图 8.16）上的应用，假体构建了器身形状，通过抽吸空气来固定装饰物。在注塑模具中，假体将通过集成的充电尖端安装在接地的金属面板上。

对于大型应用，如啤酒箱或垃圾桶盖，可以使用多个单独充电棒的结合体（图 8.17）。

在间接充电过程中，将装饰物暴露在充电棒下，然后放入模具中（图 8.18）。

图 8.16 实心假体充电（经 F15 许可）

图 8.17 利用电极直接充电（经 F2 许可）

图 8.18 间接充电（经 F2 许可）

这两种系统都能够处理非常大的和复杂的装饰物。因此,每个注塑模具对应的装饰物数量是没有限制的。

间接充电特别适用于小批量应用,因为电荷与不同类型的模具是解耦的。为了实现间接充电的无故障操作,定位单元必须由导电材料制成并接地。

▲8.2.7 金属板材涂油

在进一步加工之前,必须在某些类型的板材上涂覆涂层。涂油或滚油的效果往往不理想。当油被喷洒在电场中时,油气溶胶在电场中整齐排列并沉积在接地的金属板表面,可以实现极其精确的涂油应用(图8.19),其变化幅度小于5%。

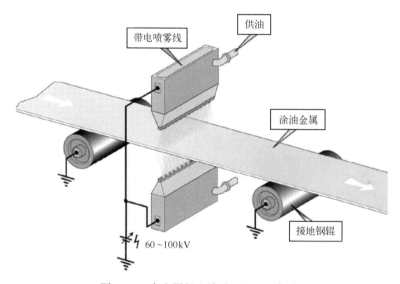

图8.19 在金属板上涂油(经F2许可)

▲8.2.8 快速移动卷材上液体介质的应用

快速移动的卷材伴随着层流气流,层流气流在大约120m/min的速度下开始形成。因此,卷材表面粗糙度对其有相当大的影响。

这些层流空气边界层没有任何湍流,从外部穿透这些边界层的可能性极小,也就是说,水溶液或涂层气溶胶不能到达卷材边界层内部。在图8.20所示的例子中,卷材由上向下移动,卷材的层流边界层向下拉动从喷嘴喷射的气溶胶,使周围区域呈现雾状。

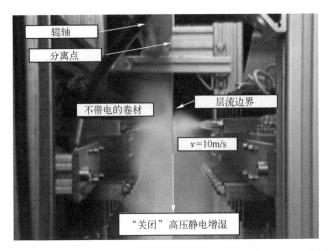

图 8.20 气溶胶从层流空气边界层被雾化（经 F2 许可）（见彩插）

因为电场不能被气流改变，所以应使气溶胶沿着电场线向卷材移动。湍流和层流气流都会因此被破坏，气溶胶可以到达并穿透基底卷材。

当基底带静电时，在带电的卷材和接地的喷嘴之间产生强电场。从喷管中逸出的气溶胶通过电感应（见 2.8 节）带电，并在电场中向卷材方向排列。气溶胶直接到达移动的基底卷材，没有喷雾损失（图 8.21）。因此，可以避免气溶胶漂移。

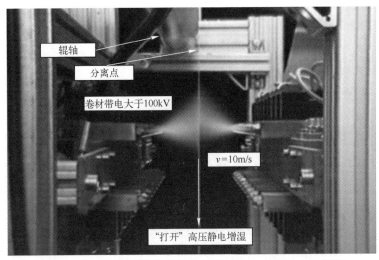

图 8.21 气溶胶受到带电卷材的吸引（经 F2 许可）（见彩插）

喷雾锥的配置如图8.21所示，卷材从上到下运动而且有水雾喷射，由于电导率的增加和喷雾角度下降，纸卷材上的电场迅速减少。此外可以注意到，偏转辊位于卷材的左上侧，卷材随偏转辊运行。因为锥形水雾能够朝向顶部到达更远的距离，在卷材"内侧"的电荷要比在"外侧"的高。这也印证了设置放电棒的需求（图5.11）。

敷水过程中的充电还有一个更有趣的次级效应：由于水分子的偶极子特性，它们可以在电场中整齐排列。因此，大量水分子的积累可以进一步耗散并形成更细的气溶胶。

▲8.2.9 快速移动基材的干燥

当干燥快速移动的基材时，通常应在卷材上输送热量。必须确保溶剂或其他液态的物质离开卷材。这在低速时不会造成问题（图8.22）。然而，在速度超过约120m/min时，层流边界层是一个难以克服的障碍。

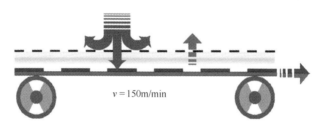

图8.22　热量和物料在卷筒纸上的传输（经F2许可）

即使辐射热到达卷材，也只有层流边界层达到饱和。这一层随着基底卷材移动，并以饱和气流的形式与基材结合。由于没有水分可以从饱和层流吸收，因此没有来自基材的后续能量供应，这意味着不可能发生进一步的干燥。

在快速运行的基体卷材上进行正常干燥，人们尝试用复杂的逆流流动和较长的干燥通道来切断层流，以便能够驱散饱和大气，从而使基材内部水分进一步释出。

垂直于移动基底卷材的高压电极（电子和离子电流）产生的等离子体可以使快速移动基材的层流气体边界层变为湍流，从而可以将其从边界层中引出（图8.23）。利用这种静电效应，烘干机的效率可以显著提高。该工艺也可用于实现空气交换[4]。

在薄的、扁平的物体上的其他高速涂敷也可以使用这一工作原理。

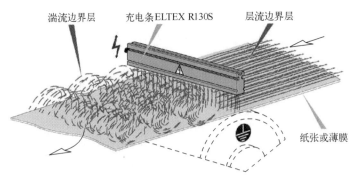

图 8.23 由 F. Knopf 描述的层流破裂（经 F2 许可）

8.2.10 凹版印刷和涂布机

在凹版印刷和其他涂布机中，稀疏流动的油墨、树脂等，在擦去余量后，通常从有刻痕（巢室）的印刷圆筒转运到如纸张或薄膜等承印物上。

承印物（印刷介质）由橡胶辊或塑料辊（压印辊）压印在印刷滚筒上。

对压印辊施加大约 500V 的电势。当基板厚度为 $80\mu m$ 时，压印辊与接地的印刷滚筒之间存在的电场强度为

$$E=\frac{U}{a}=6.25 \text{ MV/m} \tag{8.4}$$

这样强的电场力使巢室内油墨表面的膜层变为弯月形，这意味着这个表面向更高的电场强度方向移位，因此，达到了与承印物的更好接触，甚至对建立初始接触都有帮助（图 8.24）。因此，巢室可以被更快地清空，从而大大改善了印刷或涂装工艺。

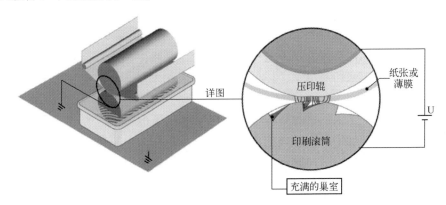

图 8.24 带静电辅助的凹版印刷和涂布机（经 F2 许可）

大约90%的凹版印刷机都安装了静电打印辅助系统,因为它们可以矫正缺失的印刷点,显著改善油墨转移。巢室的形状对打印结果有很大影响。V形巢室可以产生"甜甜圈"形状的印刷点,而U形巢室不会产生这种现象。

由于压印辊上有电位,并且承印物与压印辊分离,承印卷筒纸的电荷往往很高。由于涂层材料经常溶解在易燃溶剂中,如果在承印物与压印辊和第一偏转辊分离后不设置有源放电条,会导致涂层和印刷机发生火灾。印刷应遵守5.3.1小节中关于复合材料的解释。

图8.25所示的涂布机可适用于所有类似的涂布系统(参见《危险材料技术法规》(TRGS 727)第3.3节薄膜和纸质卷材[5])。

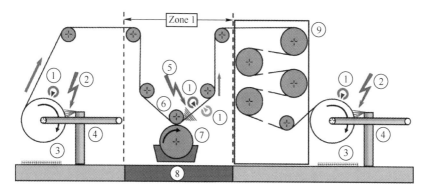

1—放电电极;2—刷形放电-如果1没有安装;3—粉尘颗粒;4—卷绕系统;5—强刷形放电;
6—压印滚筒/压印辊;7—涂装(区域0高度易燃液体);8—地板-在区域1耗散;9—连续干燥器。

图 8.25 涂装系统示意图[5]

如果不遵守技术和工艺要求,使用静电电荷时可能产生的危害将在下文中描述。

在许多情况下,需要使用含有碳氢化合物(基于溶剂)的油墨和涂层材料,因此可能存在高度易燃环境(爆炸危险区域)。印刷和涂布机设计为以高加工速度运行(在1000m/min以上)。众所周知,移动的溶剂是高度带电的。

使用不同直径的印刷滚筒意味着可以为油墨颗粒提供更大或更小的放电区域。由于印刷滚筒的圆周速度高,墨盘内的墨水过度移动,会产生大量电荷。移动的墨水表面有气泡产生、上升、破裂,形成很小的高电荷的墨水气溶胶(墨水颗粒)。从墨盒中逃逸出来的墨水颗粒(图8.26)被带电的基底卷材(如纸张或薄膜)吸引或加速,在涂布机周围漂移,直到它落在接地的或者带电的表面上并将机器污染,造成灾难性后果。

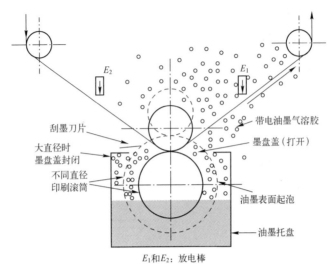

图 8.26 不同直径印刷滚筒的涂布机（经 F2 许可）

由于强电场的作用，气溶胶以浓缩的方式沉积。大部分的油墨颗粒都是从涂布机的出口侧逃逸出来的，因为入口侧被刮墨刀盖住了。

如果根据相应的打印滚筒直径排列或覆盖放电区域（图 8.27），就有可能显著减少组件和打印机构（如充电和放电棒）的污染。

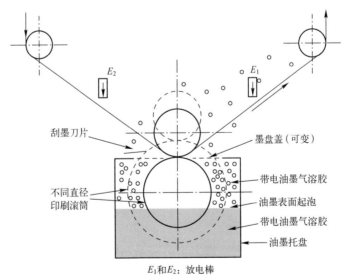

图 8.27 为了减少油墨颗粒逸出的可变覆盖层（经 F2 许可）

需要注意的是,如果在爆炸危险区域认证使用的设备(如充放电棒)被污染,将失去其防爆指令(ATEX)认证。

在高量静电电荷(在墨盒中)的电感应作用下,油墨颗粒(气溶胶)沿电场线的梯度方向形成网格(图8.28),因为黏附在电场线上的气溶胶不会被气流折射(图8.21)。墨盒盖外也会形成沉淀,如图8.31所示。在导电沉积物(如黑色油墨)中,只有几微米强度的分叉像无源电离器(放电棒)一样工作,从周围区域和带电的印刷基底吸引电荷(图8.29)。

图8.28 高度带电的油墨颗粒在电场中沉积(利希滕贝格沉积)(经F2许可)

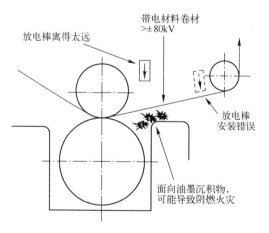

图8.29 电场中油墨沉积示意图(经F2许可)

由于分叉处的剖面非常小(图8.28),漏电流导致非常高的电流密度,这些纤细的丝状导电沉积物开始微弱发光(图8.30)并可能导致打印装置起火。如果调整墨盘盖以适应打印滚筒的直径（图 8.27，墨盘上的虚线），可以为用户消除许多问题，降低相关成本。使用安装在正确位置和正确距离的放电棒，也可以避免丝状油墨颗粒沉积。这取决于放电电极是否保持清洁。

图 8.30　油墨沉淀发光（经 F2 许可）

污染的程度通常依赖于涂布机出口的墨盘开口和放电棒到卷材的距离。

不应该忘记的是，当承印物和印刷滚筒分离时，油墨颗粒会释放（高卷材速度下的油墨雾）（图 8.31）。

图 8.31　油墨颗粒沉积（经 F2 许可）

8.2.11　减少涂布过程中的颗粒雾

许多工业部门需要使用一系列的涂布工艺，其中很大一部分涉及原料卷材的涂布。为了实现高水平经济效益，对高生产速度的需求日益增加。目前，卷材速度达到 1100m/min 的情况并不少见。

卷材的涂布过程通常使用不同规格的滚筒系统进行。图 8.32 示例了一种可行的配置。

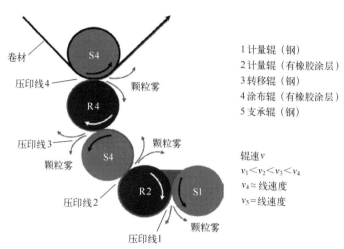

图 8.32 五辊涂布系统（示例）

通过将材料层从一个辊切换到另一个辊，从储液槽开始，在运动方向的分离点会不可避免地产生从几纳米到几微米的颗粒流，它们沿着辊子的空气边界层或卷材运动，并根据质量和速度从这些边界层分离。

这些颗粒聚集在周围的机器部件和地板上，或者作为气溶胶留在空气中，工位上的操作人员会将其吸入。这同时也会造成相当大的原料损失。

颗粒流的发展程度受到涂层材料特性（流变性和黏度）、匹配材料的表面结构和机器运行速度的显著影响。

这些问题现在可以通过使用极为复杂的萃取系统、化学添加剂（防雾剂）或显著降低生产速度来部分解决。

在 8.2.9 小节中描述的通过定位静电电荷对层流边界层进行扰动（图 8.23）的解决方案，是解决减少涂布机中粒子雾这类问题的基础。实现这种解决方案的产品现在已经上市并在工业涂装领域得到应用。

通过在辊缝上设置专门设计的放电棒，可以完全消除颗粒雾。放电棒的安装位置和定位距离如图 8.33 所示[15]。

Wifag 多型体科技股份公司（瑞士）和 Eltex 静电股份有限公司（德国）已经对含水硅层的涂敷进行了全面测量。分析得出的数值见表 8.1。

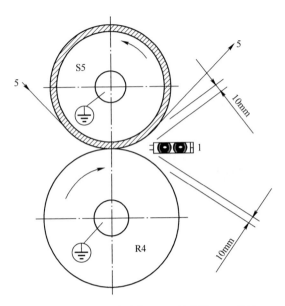

1—放电棒；S5—压印滚筒；R4—涂布辊；5—卷材。

图 8.33 由 F. Knopf 描述的飞墨分离器（经 F2 许可）

表 8.1 飞墨分离器的作用

机器速度/(m/min)	硅树脂雾/(mg/m^2)	
	没有飞墨分离器	有飞墨分离器
200	2.5	0
300	15	0
400	35	0
600	≫150	0

这意味着除了在生产工艺、操作人员和机器污染方面的主要缺点外，压印印刷加工中的粒子雾在 1m 宽、中速 300m/min 的卷材（纸张或薄膜）上造成的原料损失会超过 270g/h。

▲8.2.12 技术测量过程中充电的使用

在许多领域，卷材（如纸张或塑料）的运输是生产过程中不可分割的一个组成部分。卷材张力剖面通常是一个关键质量参数，具有良好张力剖面的卷材很少出现质量差错，如形成折痕、切断长度异常、密封缺陷或材料扭曲。

为了使这一影响因素可测,寻求了一种解决方案,以实现光学测量的恒定条件。

卷材张力剖面可以用出口角来描述,出口角随着卷材退绕而发生变化。这种出口角结构是膜层之间产生黏结力的结果。

为了创造恒定条件来记录卷材张力剖面的技术测量结果,在测量设备中对卷筒上的原料卷材(薄膜)进行充电(图8.34)。

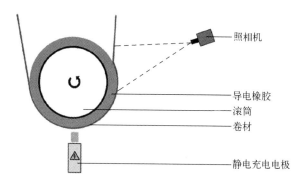

图8.34 卷材张力剖面光扫描器的工作原理(oWTP-扫描仪,经F17许可)

使用充电棒在偏转辊上产生与卷材的膜层间作用力量值可以比较的黏附力,从而在偏转辊上形成特征出口角。通过有效地设置光学测量,可以得出卷材张力(图8.35)在原料卷材中的分布[6]。

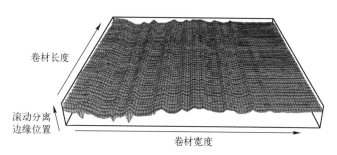

图8.35 卷材张力剖面测量结果(经F17许可)

8.2.13 混合物质的沉淀

静电原理也可以应用于加工技术领域。除了机械、光学和磁性处理工艺外,静电分离还为多种混合物质提供了富有吸引力的潜在解决方案。

在强电场中，需要被分离的粒子将在传送带或滚筒上被大量充电（图8.36）。由于混合物质有不同的特性（表面电阻、介电常数），因此可以根据它们的特性将其分离。颗粒大小为0.1~6mm。这一原理可以在矿产、磨具和种子的加工过程中看到。

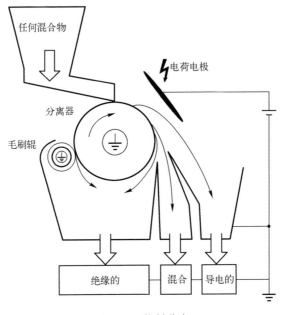

图8.36 物料分离

另一个使用材料分离技术的行业是静电除尘，它依赖于一系列利用静电充电的解决方案。图8.37是一个典型的示例，显示了分离油雾、油蒸气、软化剂蒸气和乳化雾的静电除尘器。

根据粒径的不同，简单、有效的设计可提供高达99%的沉降效率。受污染的空气被吸入并与机械式初级过滤器接触，该过滤器会沉淀较大的污染物颗粒，并提供均匀的气流分布。电离器跟随初级过滤器并设置有高电压，如12kV。剩余的污染物微粒被电离的空气分子立即充上正电荷。

收集器可以净化空气。它由一系列金属板组成，其放置位置与污染流体平行。这些极板连接到反极性高压，如约6kV。在本例中，过滤盒（收集器）是可以外部清洗的。

一种进一步的材料分离方法在F. Knopf和M. Op DE Laak的专利DE 10 2007 025 414 B3 2008.10.23中描述。这项专利涉及从气流中分离污染物，其

图 8.37　静电除尘器工作原理示例（经 F18 许可）

目的是安全地从气流中沉淀液体成分和含有类似颗粒的成分，如对内燃机曲轴箱内的气流进行净化。

现有的静电除尘器需要很长的沉淀距离，操作电压必须明显低于破坏性放电电压的一半，以避免引起不必要的故障。

相比之下，上述专利使用了超过 1.5 倍的破坏性放电电压（就电极间隙而言）。

电离针面向反电极排成几列，因此等离子体在整个除尘器的横截面上不会有任何间隙。

在大气压力下，在电离引脚和反电极之间点燃一个稳定、均匀的低能量直流等离子体，其电子密度通常为 10^{10} 电子/cm^3（图 8.38）。

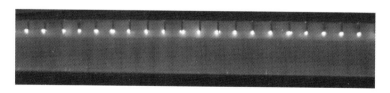

图 8.38　双针阵列上的低能量等离子体（经 F19 许可）

这个电子密度保证了大粒度微粒能够接受 $26\mu C/m^2$ 的自然负电荷极限（见 4.3.2 小节）。在此过程中，最大电场力 $F = q \cdot E$，可以攻击粒子并使其以高速率流动，在尽可能短的横截面上沉降。简单地说，油滴、煤烟颗粒或灰尘颗粒作为气流的组成部分被极其有效地充电，并沉淀在一个特别设计的反电极上（图 8.39）。

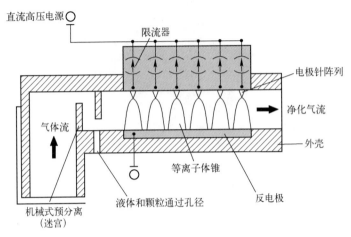

图 8.39　从气流中沉淀杂质的装置（经 F19 许可）

8.2.14　电黏结

基于电黏结技术原理为机器人部件处理提供了令人信服的新解决方案。电黏结是一种高度灵活、超低能耗的技术，无需笨重、能源密集的真空技术或机械夹具。这也解决了透气织物和无纺布材料无法以适当方式进行处理的问题。

它的工作原理是将要处理的部件暴露在静电场中，静电场由电源电压产生的交替的正负电极线生成。当被处理的部件靠近或接触产生电场的电极线时，在部件内产生局部电荷，与夹具上的电荷极性相反。

由于相反力的吸引，在部件和夹具之间会产生黏附力，当电源极性翻转时，这种黏附力是完全可逆的（图 8.40）。

该技术具有广泛的实际应用，包括处理以下对象：

（1）在制造、装配和测试应用中不需要知道零件材料的确切形状的二维物体，如印制电路板、织物、无纺布、玻璃、钣金等；

（2）在物流、制药和包装应用中不需要高压缩力的 2.5D 物体（图 8.39），如纸箱；

（3）对部件形状有一定预先认识的三维物体，使用在仓库物流、农业食品包装和消费品制造应用等领域[7]。

第 8 章 电荷的定向利用

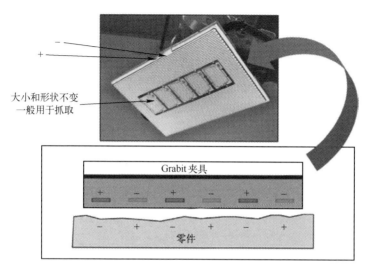

图 8.40 Grabit 电黏结技术操作原理（经 F20 许可）

▲8.2.15 利用电晕系统进行表面处理

电晕预处理系统（图 8.41）不同于之前描述的输出功率在数千瓦范围内、频率在数千赫兹范围内的静电应用。

图 8.41 电晕系统和已被取出的陶瓷电极（经 F21 许可）

对这一点应进行检查,因其在静电学意义上可能会出现问题,尤其是在处理薄膜时。

在制造过程中使用塑料薄膜应特别注意塑料薄膜的表面特性,特别是与涂层材料有关的黏附力或润湿性。单位表面能是决定性的变量,单位用(mN/m)或(mJ/m²)表示。

通过电晕获得的表面能由施加的剂量(W·min/m²)产生。该剂量可以通过电晕系统的功率等级、材料宽度(m)和卷材速度(m/s)来计算。

该规则原则上适用于只能用来印刷或涂敷的基板或薄膜,如果它们的表面能量高于涂敷在其上的油墨或印刷原料的表面能。传统上,利用空气为工艺气体的等离子体进行处理,称为电晕预处理。范围为15~40kHz、能量高达数百W·min/m²的振荡气体放电(等离子体)被应用于塑料表面。

化学反应是在大气压下发生的。由于这种处理的结果,由聚合物分子链组成的表面自发氧化成各种官能团,形成的羟基、酮基、羧酸基、环氧基、醚基和酯基等官能团,有助于增加表面能,从而改善润湿性。

用于涂敷工艺的典型值是38~48mN/m,具体取决于材料的组合。对于高水基材料的润湿性,该数值必须大于55mN/m。

当使用挤压机制造薄膜时,应该进行这种处理,在涂布机中进行原料的涂敷过程之前,作为一种理想的"刷新"。只有满足润湿性条件时,才能使油墨和官能层或类似物质在涂层基底上充分结合[8]。根据局部条件,在基底表面还可能发生许多其他反应。

这一领域的新发展使表面的定向功能化成为可能,其中大气中的氧气被工艺气体所取代(图8.42)[8]。

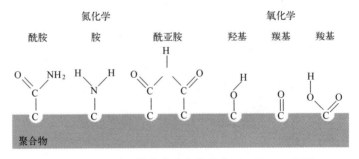

图8.42 有机基团嫁接在聚合物膜表面(经F22许可)

固体表面的表面能越高，待施加液体的表面能越低，其润湿性和黏附力就越大。电晕预处理对产品质量和生产效率有良好的影响。

电晕预处理可能会在生产过程中造成许多困难，认识到这一事实非常重要。

用于电晕预处理的振荡气体放电水平在 15~40kHz、0.5~60kW 的输出范围内，通常会在被处理表面（一般为箔片）留下很高的残余电荷，这可能会导致不良后果，即产品质量下降。这是由 15~40kHz 范围内的中频电压的不对称运行造成的。对称这一概念是指交流电的正向波动和负向波动一致。如果电压对称，那么经过预处理的薄膜就不会有破坏性残余电压，可以在不放电的情况下作进一步处理。

设置上的差异，如电晕预处理电极与加工材料的距离、与接地反电极或隔离的导电反电极的距离，会改变负载条件，从而对不对称系统产生撞击效应。

为了确保处理后的薄膜能够继续以尽可能低的剩余电荷进行处理，必须在电晕预处理系统的出口点安装两个相互抵消的有源放电棒。处理过的卷材的两边都必须放电。

放电棒需要与电晕预处理结合，在出口点进行有源放电是实现这一目标的唯一方法（图 8.43）。

如果在电晕系统之后不使用放电棒，则存在高量电荷区域放电并产生火花的危险，特别是在爆炸危险区域，还可能导致点火。这些冲击会对操作人员造成直接伤害或造成继发性事故。

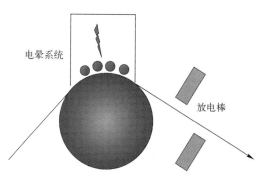

图 8.43　电晕系统后的有源放电电极结构

8.3 总　　结

本章内容只描述了一小部分可行的应用，旨在为新的解决方案提供建议。对开发人员、设计师和工程师创造力的限制只是有形的。当然，对制造工艺可能造成的影响需要加以考虑。

作为基因技术的生态替代方案，使用静电场对生物体产生的积极影响多年来已为人所知，但实际应用尚未得到发展。

图片出处说明

（F2）Eltex Elektrostatik GmbH，Weil am Rhein，Germany，www.eltex.com

（F14）Schnick Systemtechnik GmbH & Co. KG，Heiligenhaus，Germany，www.schnick.de

（F15）Wittmann Battenfeld，www.wittmann-group.com

（F17）Fraunhofer IVV，Außenstelle für Verarbeitungsmaschinen und Verpackungstechnik AVV，Dresden，Germany，www.ivv-dresden.fraunhofer.de

（F18）ILT Industrie - Luftfiltertechnik GmbH，Ruppichteroth，Germany，www.ilt.eu

（F19）F. Knopf，Transferzentrum Offenburg，Germany

（F21）Vetaphone A/S，Kolding，Denmark，www.vetaphone.com

（F22）Plasmawerk Hamburg GmbH，Hamburg，Germany，www.plasmawerk.de

视频出处说明

V8.4 Remoistening on a web（Webmoister by Eltex）.（Eltex Elektrostatik GmbH，Weil am Rhein，Germany，www.eltex.com.）

V8.5 Breakup of a laminar airflow.（Eltex Elektrostatik GmbH，Weil am Rhein，Germany，www.eltex.com.）

V8.6 ESA-Model.（Universität Würzburg，Germany，www.uni-wuerzburg.de.）

V8.7 Ink-Lifting V-Cell.（VTT Technical Research Centre of Finland，Espoo，Finland，www.vtt.fi）

V8.8 Ink-Lifting U-Cell.（VTT Technical Research Centre of Finland，Espoo，Finland，www.vtt.fi.）

参 考 文 献

[1] Varga, A. (1981) *Grundzüge der Elektrobioklimatologie*, Verlag für Medizin, Heidelberg, p. S. 160.

[2] Eltex Elektrostatik GmbH Weil am Rhein (2011) *Betriebsanleitung Stranghaftung*, GHH36 Germany.

[3] Schubert, W. (2008) *Ruhende Elektrizität*, Zeitschrift Etiketten-Labels 2, G&K TechMedia GmbH, Gutach.

[4] Hahne, L. and Knopf, F. (2004) Vorrichtung zum Ersetzen des Luftsauerstoffs durch ein Inertgas aus einer laminaren Luftgrenzschicht sowie Verwendung derselben. Patent EP1441192.

[5] GMBl 2016 S. 256-314 [Nr. 12-17] (vom 26.04.2016), berichtigt: GMBl 2016 S. 623 [Nr. 31] (vom 29.07.2016) *Vermeidung von Zündgefahren infolge elektrostatischer Aufladungen* (TRGS 727) Germany.

[6] Fraunhofer, I. V. V. (2013) Außenstelle für Verarbeitungsmaschinen und Verpackungstechnik AVV, Dresden.

[7] Internal Material of GrabIt Inc. (2014) Sunnyvale, CA.

[8] Schubert, W. Wiesner, C. (Plasmawerk Hamburg). (2012) Optimierung maschinenrelevanter Folieneigenschaften durch innovative Oberflächenbehandlung, Vortrag, VVD, TU Dresden.

[9] Künzig, H. (2008) Statische Elektrizität, Versteckte Gefahren und Beispiele aus der Praxis, Hrsg. Eltex Elektrostatik GmbH.

附录 M 数学工具箱

M1 能量（功）
最小点火能
功率
效率

M2 场强
平面之间的均匀场
点电荷周围电场
介电常数
棒电荷周围电场

M3 电通量密度
电通量

M4 频率
波长
圆频率

M5 电感
空气线圈的电感

M6 电容
跨越导电区域的导线
同轴电缆/圆柱体电容
空间中的导电球体
跨越导电区域的球体
单电容器的并联
板式电容器

单电容器的串联

M7　力

两点电荷之间的力

库仑定律

M8　电荷

移动电荷

电子束的电荷

表面电荷密度

质量电荷密度

体积电荷密度

M9　电势

点电荷的电势函数

M10　电压

在均匀电场中

电容充电时的电压梯度

电容放电时的电压梯度

时间常数

环路定律（基尔霍夫）

节点定律（基尔霍夫）

击穿电压（帕申）

M11　电阻/电导

电阻 R（物体或材料）

表面电阻（物体或材料）

体积电阻（物体或材料）

导体电阻（导线）

漏电阻

电导

电导率

电阻的并联

电阻的串联

电容（交流）

电感（交流）

附表 A：国际单位制基本单位
附表 B：国际单位制衍生单位
附表 C：十进制倍数和因数

M1　电容的能量 W

单位：焦耳；J（W·s）

$$W = \frac{1}{2}CU^2 = \frac{1}{2}QU = Pt$$

式中：C 为电容；U 为电压；Q 为电量；P 为功率；t 为时间。

例如，如果将 100pF 的电容器充电到 1000V，它可以释放 50μJ 的能量（计算过程：$0.5 \times 100 \times 10^{-12} \times 10^6$）。

M1.1　最小点火能量 W_{MIE}

$$W_{MIE} = \frac{1}{2}Q_Z U_{opt}$$

式中：Q_Z 为点火电量；U_{opt} 为点火电压。

例如，正己烷的最小点火能为 0.23mJ（计算过程：$0.5 \times 62 \times 10^{-9} \times 7500$）。

M1.2　功率 P

单位：瓦特；W（V·A）

$$P = UI = I^2 R = \frac{U^2}{R}$$

式中：U 为电压；I 为电流；R 为电阻。

例如，如果将 1MΩ 的电阻器施加 100V 的电压，则转换的功率为 10mW（计算过程：$100^2/10^6$）。

M1.3　电效率 η

$$\eta = \frac{P_{out}}{P_{in}}$$

式中：P_{out} 为输出功率；P_{in} 为输入电功率。

M2 电场 E 电场强度 E

单位：伏/米；V/m

M2.1 平板间均匀场

$$E = \frac{\phi}{s} = \frac{U}{s}$$

式中：E 为指向负极板的场强；U 为极板间电压；ϕ 为极板间电位；s 为极板间距离。

例如，如果在两块板上（电介质：空气，距离 10mm）施加 100V 的电压，则在它们之间产生 10kV/m（100V/10mm）的场强。

注意：在大气空气中，电场的击穿电压被限制为 3MV/m。

M2.2 点电荷电场

$$\boldsymbol{E} = \frac{Q_P}{4\pi\varepsilon r^3}\boldsymbol{e}_r, \quad E = \frac{Q_P}{4\pi\varepsilon r^2}$$

式中：$\boldsymbol{E}$、E 为辐射到达点电荷的场强；Q_P 为点电荷电量；ε 为介电常数（见 M2.3）；R 为与点电荷的距离；$\boldsymbol{e}_r$ 为距离 r 的单位向量。

例如，如果距离位于真空（空气）中的正点电荷 $Q = 3\times10^{-9}$ C 为 1m 时，则电场强度为 $E = 26.963$ V/m（计算过程：$3\times10^{-9}/4\pi\times8.854\times10^{-12}$）。

M2.3 介电常数 ε

单位：法拉/米；F/m

$$\varepsilon = \varepsilon_0 \varepsilon_r$$

式中：ε_0 为电介质常数（8.854pF/m）；ε_r 为相对介电常数，与材料有关。

注意：空气的相对介电常数 $\varepsilon_r = 1.00059$。稍微偏离 1（小于 1%），在技术上允许使用真空的量值结果。

M2.4 棒（线）电荷电场

$$\boldsymbol{E} = \frac{q_L}{2\pi\varepsilon r^2}\boldsymbol{e}_r \quad E = \frac{q_L}{2\pi\varepsilon r}$$

式中：E、E 为辐射到达棒状电荷的场强；q_L 为棒状电荷电量；ε 为介电常数（见 M2.3）；r 为与棒状电荷的距离；e_r 为距离 r 的单位向量。

例如，若距离位于真空（空气）中的棒状正电荷 $Q=3\times10^{-9}$ C 为 1m，则电场强度为 $E=53.926$ V/m（计算过程：$3\times10^{-9}/2\pi\times8.854\times10^{-12}$）。

M3 电通量密度 D（之前：电位移）

$$D = \varepsilon \cdot E$$

式中：E 为电场强度从点电荷出发/朝向点电荷呈放射状分布；ε 为介电常数（见 M2.3）。

例如，当空气中最大场强为 3MV/m 时，附近物体的最大电通量密度为 26.567×10^{-6} C/m² （计算过程：8.854×10^{-12} F/m · 3×10^6 V/m）。

M4 频率 f

单位：赫兹；Hz

$$f = \frac{1}{t}$$

式中：t 为振荡周期。

注意：对于主频 $f=50$Hz，振荡周期时间为 20ms。

M4.1 波长 λ

单位：米；m

$$\lambda = \frac{c}{f}$$

式中：c 为真空光速（2.997924×10^8 m/s）；f 为频率。

注意：对于 300nm 波长（紫外线辐射），频率确定为 $f=0.9993\times10^{15}$ Hz。

M4.2 圆频率 ω

$$\omega = 2\pi f$$

式中：f 为频率。

例如，对于频率为 50Hz 的市电，圆频率 $\omega = 314.16$Hz。

M5 电感 L

单位：亨利；H

$$L = -\frac{U_{\text{ind}}}{\dfrac{dI}{dt}}$$

式中：U_{ind} 为感应电压；$\dfrac{di}{dt}$ 为电流的时间变化率。

M5.1 空气线圈电感 L_s

$$L_s = \mu_0 \cdot \frac{n^2}{l} \cdot A$$

式中：μ_0 为磁场强度 $\mu_0 = 1.256\,637 \times 10^{-6}$H/m；$n$ 为匝数；l 为线圈的长度；A 为线圈的横截面积。

例如，1000 匝绕组的空气线圈（长度为 0.1m，截面积为 $20\text{cm}^2 = 2 \times 10^{-3}\text{m}$）的电感为 25133mH（计算过程：$\mu_0 \cdot 10^6 \times 2 \times 10^{-3}/0.1$）。

M6 电容 C

单位：法拉；F

$$C = \frac{Q}{U}$$

式中：Q 为电量；U 为电压。

例如，100pF 的电容加 1000V 电压时，储存的电量 $Q = 100$nC（计算过程：$CU = 100 \times 10^{-12}\text{F} \cdot 10^3\text{V}$）。

M6.1 跨越导电区域的棒（线）电容

$$C_r = 2\pi\varepsilon \cdot \frac{l}{\ln\dfrac{2s}{r}}$$

式中：C_r 为杆电容；ε 为杆与区域之间的空间介电常数；l 为杆的长度（$l \gg r$）；s 为杆中部与区域之间的距离；r 为杆的半径。

例如，导线（直径 0.8mm、长度 2m）位于导电区域（如导电地板）上方 3mm 处。其在空气中的电容为 41pF（计算过程：$2\pi\varepsilon_0 \cdot 2/\ln(2 \cdot 3/0.4)$）。

▲ M6.2 同轴电缆/圆柱体电容

（由中间导体、绝缘材料和导电包装组成的电缆）

$$C_{CC} = 2\pi\varepsilon \cdot \frac{l}{\ln\dfrac{r_0}{r_i}}$$

式中：C_{CC} 为同轴电缆电容；ε 为介电材料的介电常数；l 为电缆长度；r_o 为电介质外径；r_i 为电介质内径。

例如，导线（直径 0.8mm、长度 2m）位于导电区域（如导电地板）上方 3mm 处。其在空气中的电容为 41pF。

▲ M6.3 空间导体球电容

$$C = 4\pi\varepsilon r$$

式中：C 为空间球体电容；ε 为体介电常数（见 M2.3）；r 为球半径。

例如，空气中直径为 0.2m 的导电球电容为 11pF。

▲ M6.4 跨越导电区域的球体电容

$$C = 4\pi\varepsilon r\left(1 + \frac{r}{2d}\right)$$

式中：C 为跨越导电区域的球体电容；ε 为球体与区域之间材料的介电常数（见 M2.3）；r 为球半径；d 为球心与区域之间的距离。

例如，在直径为 0.2m、距离导电区域 0.3m 处，导电球在空气中的电容为 13pF。

▲ M6.5 单电容并联

$$C_{P\,tot} = C_1 + C_2 + C_3 + \cdots$$

式中：$C_{P\,tot}$ 为并联电容；C_1，C_2，C_3，$\cdots$ 为单电容。

M6.6 平板电容

$$C_{Pl} = \varepsilon \cdot \frac{A}{d}$$

式中：C_{Pl} 为平板电容器电容；ε 为介电常数（见 M2.3）；A 为平板面积；d 为平板距离。

例如，空气中平行放置的两圆形电极（直径 50mm、距离 1mm）的电容为 17.38pF。

M6.7 单电容串联

$$\frac{1}{C_{S\,tot}} = \frac{1}{C_1} + \frac{1}{C_2} + \frac{1}{C_3} + \cdots$$

式中：$C_{S\,tot}$ 为串联电容；C_1，C_2，C_3，…为单电容。

M6.7.1 两个单电容器串联

$$C_{S\,tot} = \frac{C_1 C_2}{C_1 + C_2}$$

式中：$C_{S\,tot}$ 为串联电容；C_1，C_2 为单电容。

M7 力 F、$\boldsymbol{F}$

单位：牛顿；N

$$\boldsymbol{F} = Q \cdot \boldsymbol{E}$$

式中：Q 为电量；$\boldsymbol{E}$ 为场强矢量；E 为电场强度。

例如，在电场强度为 100V/m 时，电场中作用于一个电子的力等于

$$F = e \cdot E = 1.6022 \times 10^{-19} \times 100 = 160.22 \times 10^{-19} \mathrm{N}$$

力的方向由场强的矢量给出。

M7.1 两点电荷间的力（库仑定律）

$$\boldsymbol{F} = \frac{1}{4\pi\varepsilon} \cdot \frac{Q_{P1} Q_{P2}}{d^3} \boldsymbol{e}_d \quad F = \frac{1}{4\pi\varepsilon} \cdot \frac{Q_{P1} Q_{P2}}{d^2}$$

式中：ε 为介电常数（见 M2.3）；Q_{P1} 为点电荷 1 电量；Q_{P2} 为点电荷 2 电量；

d 为点电荷距离;e_d 为距离 d 的单位向量。

注意:异性电荷相互吸引,同性电荷相互排斥。

库仑定律:两点电荷之间的静电力与电荷大小的标量乘法成正比,与它们之间距离的平方成反比。

M8 电量 Q

单位:库仑;C

$$Q = CU$$

式中:C 为电容;U 为电压。

例如,将 100pF 电容充电到 1kV,需要 0.1μC 的电量(计算过程:$100 \times 10^{-12} \times 10^3$)。

M8.1 电量 Q_m

$$Q_m = \int I \mathrm{d}t = I \cdot \Delta t$$

式中:I 为电流;Δt 为时间间隔。

例如,如果在 100s 内给电容以 1nA 的恒流充电,则移动的电量为 0.1μC(计算过程:$10^{-9}\mathrm{A} \times 100\mathrm{s}$)。

M8.2 电子束的电荷 Q_e

$$Q_e = ne$$

式中:n 为电子数;e 为基本电荷(一个电子的电荷)$= 1.6021917 \times 10^{-19}$C。

例如,10^{12} 个电子在隔离的导电球上产生 0.16μC 的电荷(计算过程:$1 \times 10^{12} \cdot 1.6 \times 10^{-19}$C)。

M8.3 表面电荷密度 σ

单位:库仑/平方米;C/m²

$$\sigma = \frac{Q}{A}$$

式中:Q 为电量;A 为面积。

M8.3.1 最大表面电荷密度 σ_{max}

$$\sigma_{max} = \varepsilon_0 E_b$$

式中：E_b 为击穿电压（见 M2.1）；ε_0 为介电常数（8.854pF/m）。

例如，根据大气中 3MV/m 的击穿电压，表面电荷密度限制在 $26.6\mu C/m^2$（计算过程：$8.854\times10^{-12}\times3\times10^6$）。

▲M8.4 质量电荷密度 Q

单位：库仑/千克；C/kg

$$Q = \frac{Q}{m}$$

式中：Q 为物体电荷量；m 为物体质量。

▲M8.5 体积电荷密度 ρ

单位：库仑/立方米；C/m^3

$$\rho = \frac{Q}{V}$$

式中：Q 为体积 V 上的电荷量；V 为体积。

◣M9 电位 φ

单位：伏特；V

$$\varphi = \frac{W}{Q}$$

式中：W 为能量（功）；Q 为电量。

◣M10 电压 U

单位：伏特；V

$$U = IR$$

式中：I 为电流；R 为电阻。

▲M10.1 在均匀电场中

$$U = E \cdot d$$

式中：E 为电场强度；d 为电极间距离。

例如，如果在板间距为 0.1m 的平板电容器上存在 100V 的电压，则板间的场强为 1kV/m（计算过程：100V/0.1m）。

▲M10.2 电容充电时的电压梯度

$$U_c(t) = U_0(1 - e^{-\frac{t}{\tau}})$$

式中：$U_c(t)$ 为充电电压与时间 t 的函数关系；U_0 为初始电压（t_0 时的电压）；τ 为时间常数（见 M10.4）。

▲M10.3 电容放电时的电压梯度

$$U_d(t) = U_0 e^{-\frac{t}{\tau}}$$

式中：$U_d(t)$ 为放电电压与时间 t 的函数关系；U_0 为初始电压（t_0 时的电压）；τ 为时间常数（见 M10.4）。

▲M10.4 （RC 电路的）时间常数 τ

（也称为"弛豫时间"）

单位：秒；s

$$\tau = R_A C = \varepsilon \rho$$

式中：R_A 为漏电阻；C 为电容；ε 为介电常数（见 M2.3）；ρ 为电阻率（见 M11.3）。

典型值见下表。

时间 t	充电电压 U_a	放电电压 U_e
0	0	U_0
τ	$0.63 U_0$	$0.37 U_0$
2.3τ	$0.9 U_0$	$0.1 U_0$
4.6τ	$0.99 U_0$	$0.01 U_0$
∞	U_0	0

▲M10.5　基尔霍夫环路定律

沿着闭合环路的所有电压的有向和等于零，即

$$\sum_i U_i = \sum U_{ok}$$

式中：i 为电路中环路的数量；U_i 为电路中的电压降；U_{ok} 为电流源的电压。

▲M10.6　基尔霍夫节点定律

进入任何节点的有向电流和等于离开该节点的电流和，即

$$\sum_i I_i = 0$$

式中：I 为进入节点的电流；I_i 为节点电流。

▲M10.7　放电间隙击穿电压（帕申定律）

$$U_z = Cpd$$

式中：C 为常数；p 为气压；d 为电极间距离。

M11　电阻 R（通用）

单位：欧姆；Ω

$$R = \frac{U}{I} = \frac{P}{I^2} = \frac{U^2}{P}$$

式中：U 为电阻上的电压；I 为流过电阻的电流；P 为电阻器中的功率转移。

▲M11.1　电阻 R_0（物体或材料）

单位：欧姆；Ω

$$R_0 = \frac{U_V}{I}$$

式中：U_V 为两个加载电极之间的（直流）电压（10V、100V 或 500V 较为适合）；I 为表面上的电流。

例如，如果 10nA 电流流入一个电压为 100 V 的测量电极，则电阻为 10GΩ（计算过程：100V/10×10⁻⁹A）。

注意：这种电阻的测量总是结合表面的电阻和物体或材料的电阻体积的阻力。如果只有一个阻力要确定，必须应用一个保护环电路。

▲M11.2 表面电阻率 ρ_S（物体或材料）

单位：欧姆；Ω

$$\rho_S = R_0 \frac{l_{eff}}{d}$$

式中：R_0 为材料的表面电阻；l_{eff} 为加载电极的长度；d 为加载电极间的距离。

▲M11.3 体积电阻率 ρ_V（物体或材料）

单位：欧姆·米；$\Omega \cdot m$

$$\rho_V = R_V \frac{A}{d}$$

式中：R_V 为材料的体积电阻；A 为加载电极的面积；d 为加载电极间的距离。

▲M11.4 导体的电阻率（导线）

单位：欧姆米；$\Omega \cdot m$

$$\rho = R \frac{A}{l}$$

式中：R 为导体的电阻；A 为载流导体的面积；l 为导体的长度。

例如，在导线（长度为100m、直径为1.2mm）上，能够测量它的电阻为1.52Ω。计算过程为

$$\rho = 1.52 \times \frac{0.36\pi}{100} = 0.01719\Omega \frac{mm^2}{m} = 17.19 \times 10^{-9} \Omega \cdot m$$

▲M11.5 漏电阻 R_E（物体或材料）

单位：欧姆；Ω

$$R_E = \frac{U_V}{I_e}$$

式中：U_V 为电极与大地之间的电压；I_e 为流入大地的电流（漏电流）。

例如，如果5nA的电流流入一个导电部件，电压为500V，得到的漏电阻为100GΩ（计算过程：500V/5×10^{-9}A）。

▲ M11.6 电导 G

单位：西门子；S

$$G = \frac{1}{R}$$

式中：R 为电阻。

▲ M11.7 电导率 γ

单位：西门子/米；S/m

$$\gamma = \frac{1}{\rho}$$

式中：ρ 为电阻率。

注意1：电阻率命名为欧姆（ohm），电导率命名为西门子（S）或者反过来命名：mho。据此，十进制表示法如下：

$$1\text{mho} = 1/\text{ohm}$$
$$1\text{millimho} = 1/\text{kiloohm}$$
$$1\text{micromho} = 1/\text{megaohm}$$
$$1\text{nanomho} = 1/\text{gigaohm}$$
$$1\text{picomho} = 1/\text{teraohm}$$

注意2：在矿物油工业中，电导率的单位（cu）常被用来表示液体的电导率。将这些单位进行比较：

$1\text{teraohm/m} = 1\text{picsiemens/m} = 1\text{picomho/m} = 1\text{conductivity unit}$（cu；电导单位）

▲ M11.8 （单电阻的）并联

$$\frac{1}{R_{\text{P tot}}} = \frac{1}{R_1} + \frac{1}{R_2} + \frac{1}{R_3} + \cdots$$

式中：$R_{\text{P tot}}$ 为并联总电阻；R_1 为单电阻1；R_2 为单电阻2；R_3 为单电阻3。

M11.8.1 两只单电阻并联

$$R_{\text{P tot}} = \frac{R_1 R_2}{R_1 + R_2}$$

式中：$R_{\text{P tot}}$ 为并联总电阻；R_1 为单电阻1；R_2 为单电阻2。

例如，如果一只 10MΩ 电阻和一只 20MΩ 电阻并联，则总电阻为

6.667MΩ（计算过程：$10\times10^6\times20\times10^6/30\times10^6$）。

▲ M11.9 （单电阻的）串联

$$R_{R\,tot}=R_1+R_2+R_3+\cdots$$

式中：$R_{R\,tot}$为串联总电阻；R_1为单电阻1；R_2为单电阻2；R_3为单电阻3。

例如，如果一只10MΩ电阻和一只20MΩ电阻串联，则总电阻为30MΩ（计算过程：$10\times10^6+20\times10^6$）。

▲ M11.10 电容的阻抗 R_C（交流电阻）

$$R_L=\omega L$$

式中：ω为圆频率；L为电感。

例如，在50Hz（AC）时，2H 的电感显示出 628Ω（$2\pi\times50\times2$）的电阻（感抗）。

▲ 附表 A 国际单位制基本单位

序号	维度	公示符号	单位	单位符号
1	长度 （半径） （距离）	l (r) (d)	米	m
2	质量	m	千克	kg
3	时间	t	秒	s
4	电流	I	安培	A
5	绝对温度	T	开尔文	K
6	物质的量	n	摩尔	mol
7	发光强度	i_V	坎德拉	cd

▲ 附表 B 国际单位制衍生单位

序号	维度	公式符号	单位	单位符号	相互关系
1	面积	A	平方米	m²	
2	电容	C	法拉	F	1F = C/V
3	力	F	牛顿	N	1N = 1J/m

续表

序号	维 度	公式符号	单 位	单位符号	相 互 关 系
4	频率	f	赫兹	Hz	$1Hz = 1/s$
5	电导	G	西门子	S	$1S = 1/\Omega = 1A/V$
6	电流	I	安培	A	$1A = 1C/s$
7	电感	L	亨利	H	$1H = 1J/A^2$
8	功率	P	瓦特	W	$1W = 1J/s = 1VA$
9	电导率（导线）	γ	西门子/米	S/m	$1S/m = \Omega^{-1} \cdot m^{-1}$
10	压力	p	帕斯卡	Pa	$1Pa = 1N/m^2 = 1kg/(ms^2)$
11	电量	Q	库仑	C	$1C = 1As$
12	电阻	R	欧姆	Ω	$1\Omega = 1/S = 1V/A$
13	电阻率	ρ	欧姆·米	Ωm	$1\Omega \cdot m = 10^6 \Omega \cdot mm^2/m$
14	电势	U	伏特	V	$1V = 1J/C$
15	功	W	焦耳	J	$1J = 1N \cdot m = 1Ws$
16	圆频率	ω	1/秒	1/s	$1/s = 1Hz$

附表 C 十进制倍数和因数

序　号	前　缀	符　号	因　数
1	幺 yocto	y	10^{-24}
2	仄普托 zepto	z	10^{-21}
3	阿（托）atto	a	10^{-18}
4	飞 femto	f	10^{-15}
5	皮 pico	p	10^{-12}
6	纳 nano	n	10^{-9}
7	微 micro	μ	10^{-6}
8	毫 mili	m	10^{-3}
9	厘 centi	c	10^{-2}
10	分 deci	d	10^{-1}
11	十 deca	da	10^{1}
12	百 hecto	h	10^{2}
13	千 kilo	k	10^{3}
14	兆（百万）mega	M	10^{6}
15	吉（十亿）giga	G	10^{9}

续表

序 号	前 缀	符 号	因 数
16	太（万亿）tera	T	10^{12}
17	拍（千兆）peta	P	10^{15}
18	艾（百京）exa	E	10^{18}
19	泽（十垓）zetta	Z	10^{21}
20	尧（秭）yotta	Y	10^{24}

附录 V

V1 视频可从 www.wiley-vch.de 下载

(V4.1) Spark at a throttle valve

(V4.2) Sparks in a liquid

(V5.3) Dust explosion of 1.5kg corn starch (with permission of F24)

(V8.4) WEBMOISTER – principle (with permission of F2)

(V8.5) Breakup of a laminar airflow (with permission of F2)

(V8.6) ESA – Model University Würzburg (with permission of Universität Würzburg, Germany, www.uni-wuerzburg.de)

(V8.7) Ink – Lifting V – Cell (with permission of VTT Technical Research Centre of Finland, Espoo, Finland, www.vtt.fi)

(V8.8) Ink – Lifting U – Cell (with permission of VTT Technical Research Centre of Finland, Espoo, Finland, www.vtt.fi)

V2 幻灯片演示

如需 PPT 演示，请联系：

G. Lüttgens 先生, elektrostatik@elstatik.de 或 W. Schubert 先生, ws@schubertgmd.de

V2.1 静电学原理（演示试验）

T1 Fire and explosion

T2 Origin of static

T3 Charge induction

T4 Electrical resistance

T5 Gas discharges

T6 Zones and categories

T7 Measurement methods

T8 Flowing liquids

T9 RIBC "Filling-Emptying-Stirring"

T10 Optimizing charge neutralization

T11 Ignition by brush discharge

T12 Cleaning of plastic containers

▲V2.2 "Freddy" 实例（厂区静电危害）

P1 Shoes

P2 Metal drum

P3 Jerry can

P4 Funnel

P5 Flooring

P6 Plastic bag

P7 Hybrid mixture

P8 Hoses（liquid）

P9 FAQs on electrostatics

P10 Plastic drum

P11 Hoses（dust）

P12 Ignition by electric induction

P13 Emptying of toluene

P14 Car fire

P15 Safety on the scale

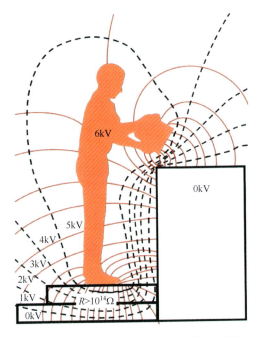

图 2.15 电场线(实线)和等电位线(虚线)的实际应用

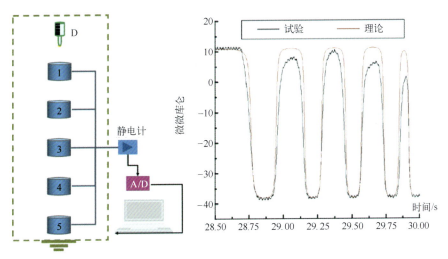

图 3.11 对自由落体液滴的电荷测量、试验装置和结果

彩1

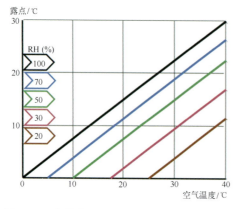

图 3.47　参数为 RH 的空气温度与露点的关系

图 4.3　局部等离子体气体放电的照片

图 4.14　传播刷形放电(经 F9 许可)

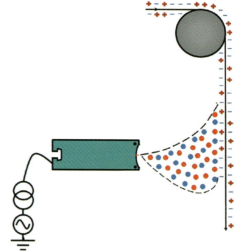

图 5.1　电荷发射放电电极

图5.6 电荷分布可视化——利希滕贝格图（有机玻璃上的石松）

图5.8 重卷过程中传播刷形放电（经F23许可）

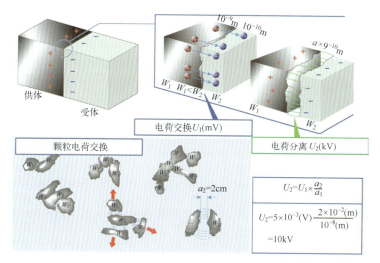

图5.25 颗粒上的电荷（经F2许可）

图7.5 蠕动油膜的放电

彩3

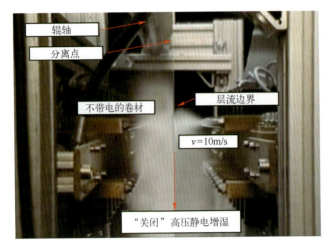

图 8.20 气溶胶从层流空气边界层被雾化(经 F2 许可)

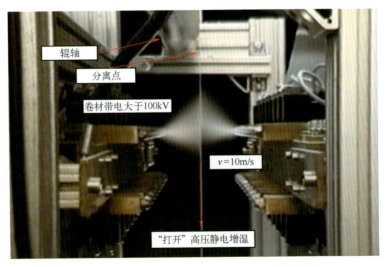

图 8.21 气溶胶受到带电卷材的吸引(经 F2 许可)